数学类创新融合精品教材
“互联网+”教育改革新理念教材

复变函数与积分变换

主　编◎王　英　洪银胜　孙振川
副主编◎杨小平　罗　维　朱　峰
步　丹　孟　蕊

湖南大学出版社
·长沙·

图书在版编目(CIP)数据

复变函数与积分变换 / 王英,洪银胜,孙振川主编.
长沙 : 湖南大学出版社,2025. 7. -- ISBN 978-7-5667-4045-8

Ⅰ. O174. 5;O177. 6

中国国家版本馆 CIP 数据核字第 2025GB0672 号

复变函数与积分变换

FUBIAN HANSHU YU JIFEN BIANHUAN

主　　编: 王　英　洪银胜　孙振川
责任编辑: 金红艳
印　　装: 唐山唐文印刷有限公司
开　　本: 889 mm×1194 mm　1/16　**印　　张:** 11　**字　　数:** 268 千字
版　　次: 2025 年 7 月第 1 版　**印　　次:** 2025 年 7 月第 1 次印刷
书　　号: ISBN 978-7-5667-4045-8
定　　价: 45. 00 元

出 版 人: 李文邦
出版发行: 湖南大学出版社
社　　址: 湖南・长沙・岳麓山　**邮　　编:** 410082
电　　话: 0731-88822559(营销部),88821174(编辑室),88821006(出版部)
传　　真: 0731-88822264(总编室)
网　　址: http://press. hnu. edu. cn
电子邮箱: xiaoshulianwenhua@163. com

前言 Preface

复变函数与积分变换是高等院校许多理工科专业的一门基础课,更是自然科学与工程技术中常用的数学工具。因此,复变函数与积分变换的理论与方法,对于理工科专业的学生来说是必须掌握的数学基础知识,有着重要的意义。

通过对本门课程的学习,学生可以较系统、完整地了解复变函数与积分变换理论的基本内容,并学会借助高等数学中的相关知识处理复变函数的一些基本问题。

本书深入浅出,突出基础概念和方法,在确保知识体系完整的基础上,尽量做到数学推导简单易懂,并在与工程问题密切结合等方面形成了自己的特色。书中精心编排了大量的例题和习题,以供学生进一步理解内容。在编写过程中,力求突出以下几个特点:

(1)注重复变函数与积分变换内容发生、发展的自然过程,强调概念的产生过程所蕴含的思想方法,注重概念、定理叙述的精确性,从而在学生获得知识的同时培养学生推理、归纳、演绎和创新的能力。

(2)对基本概念的引入尽可能联系实际,突出其物理意义;基础理论的推导深入浅出、循序渐进,以适合理工科专业学生的特点;基础方法的阐述具有启发性,使学生能举一反三、融会贯通,以期达到培养学生的创新能力、提高学生的基本素质的目的。

(3)例题和习题丰富,有利于学生掌握所学的内容,提高学生分析问题、解决问题的能力。

由于编者的水平有限,书中难免有不足和疏漏之处,恳请广大学生和教师批评指正。

编　者

2025 年 1 月

目录 Contents

第 1 章
复数与复变函数

复变函数是变量为复数的函数，属于分析学的一个分支，主要研究对象是在某种意义下可导的复变函数，即解析函数. 本章首先介绍复数的概念、性质、四则运算；其次引入复平面上的点集、区域、曲线以及复变函数的极限与连续等概念. 这门学科的所有讨论都是在复数范围内进行的.

1.1 复数及其运算

在初等代数中已经学过复数，为了便于以后讨论和理解，本节在初等代数的知识基础上，给出复数的两点式定义，在简要回顾过去相关结论的同时，加以必要的补充.

1.1.1 复数定义及运算

一元二次方程 $x^2+1=0$ 在实数范围内显然无解，为使负数开方有意义，数学家引入了虚数单位 i，并定义 $i^2=-1$，这样方程 $x^2+1=0$ 就有两个根 i 和 $-i$. 复数的研究在 18 世纪迅速发展，数学研究的领域也从实数域扩展到复数域.

定义 1.1 设 x,y 为任意实数，称形如 $x+iy$ 的数为**复数**，记作：$z=x+iy$，其中 $i^2=-1$，i 称为虚数单位，x 称为复数 z 的**实部**，y 称为复数 z 的**虚部**，分别记作：

$$x=\mathrm{Re}(z),y=\mathrm{Im}(z).$$

当 $x=0$ 时，$z=iy$ 为纯虚数；

当 $y=0$ 时，$z=x$ 为实数；

当 $x=y=0$ 时，$z=0$ 既是纯虚数，又是实数.

对任意两个复数 $z_1=x_1+iy_1, z_2=x_2+iy_2$ 规定：

(1) 当且仅当 $x_1=x_2$ 且 $y_1=y_2$ 时，称 z_1 与 z_2 相等，记作 $z_1=z_2$.

要注意的是，两个实数可以比较大小，而两个复数不能比较大小，因而实数是有序的，复数是无序的.

(2) 复数的运算：

① 加减法：

$$z_1\pm z_2=(x_1+iy_1)\pm(x_2+iy_2)=(x_1\pm x_2)+i(y_1\pm y_2),$$

② 乘法：

$$z_1z_2=(x_1+iy_1)(x_2+iy_2)=(x_1x_2-y_1y_2)+i(x_1y_2+x_2y_1),$$

③ 除法：

$$\frac{z_1}{z_2}=\frac{x_1+iy_1}{x_2+iy_2}(z_2\neq 0).$$

在复数域中，加法和乘法满足交换律与结合律，乘法对加法满足分配律. 因此，实数域中由这些规律推导的恒等式在复数域中仍然有效. 复数集关于加、减、乘、除(除数不为零)四则运算是封闭的，其代数结构是一个域. 复数集用 **C** 表示，即 $\mathbf{C}=\{x+\mathrm{i}y \mid x,y\in\mathbf{R}\}$，**R** 为实数集.

1.1.2　复数的模与共轭复数

对给定的复数 $z=x+\mathrm{i}y$，称复数 $x-\mathrm{i}y$ 为 z 的**共轭复数**，记作 $\bar{z}=x-\mathrm{i}y$. 称 $\sqrt{x^2+y^2}$ 为复数 z 的模，记作 $|z|=r=\sqrt{x^2+y^2}$.

关于复数的模与共轭复数，有下列关系：

(1) $|z_1z_2|=|z_1|\cdot|z_2|$，$\left|\dfrac{z_1}{z_2}\right|=\dfrac{|z_1|}{|z_2|}$　$(z_2\neq 0)$；

(2) $x\leqslant|x|\leqslant|z|$，$y\leqslant|y|\leqslant|z|$；

(3) $z\bar{z}=x^2+y^2$；

(4) $x=\dfrac{1}{2}(z+\bar{z})$，$y=\dfrac{1}{2\mathrm{i}}(z-\bar{z})$；

(5) $|z|=|\bar{z}|$，$|z|^2=z\bar{z}$，$\bar{\bar{z}}=z$；

(6) $\overline{z_1\pm z_2}=\bar{z}_1\pm\bar{z}_2$，$\overline{z_1z_2}=\bar{z}_1\,\bar{z}_2$，$\overline{\left(\dfrac{z_1}{z_2}\right)}=\dfrac{\bar{z}_1}{\bar{z}_2}$　$(z_2\neq 0)$.

这些性质作为练习，由读者自己去证明.

【例 1.1】　设 $z=\dfrac{2+\mathrm{i}}{\mathrm{i}}-\dfrac{2\mathrm{i}}{1-\mathrm{i}}$，求 $\bar{z}$，$|z|$.

解

$$z=\frac{2+\mathrm{i}}{\mathrm{i}}-\frac{2\mathrm{i}}{1-\mathrm{i}}=\frac{(2+\mathrm{i})(-\mathrm{i})}{\mathrm{i}\cdot(-\mathrm{i})}-\frac{2\mathrm{i}(1+\mathrm{i})}{(1-\mathrm{i})(1+\mathrm{i})}$$

$$=-2\mathrm{i}+1-\mathrm{i}+1=2-3\mathrm{i},$$

所以 $\bar{z}=2+3\mathrm{i}$，$|z|=\sqrt{2^2+(-3)^2}=\sqrt{13}$.

1.2 复数的几何表示

复平面与复数的向量式

1.2.1 复平面与复数的向量式

用建立了笛卡儿直角坐标系的平面来表示复数的平面称为复平面或 z 平面. 复平面赋予了复数直观的几何意义,复数的数对表示式(x,y)也可以看作是直角坐标系中的坐标(见图 1-1),其中 x 是实部,y 是虚部. 它建立了复数与点之间的一一对应关系. 由此,今后可将复数与其在复平面上的对应点视为等同. 例如,把复数 $1+2\mathrm{i}$ 称为点 $1+2\mathrm{i}$,把点 $4+\mathrm{i}$ 称为复数 $4+\mathrm{i}$.

复数的几何解释使得许多关于复数的"量"有着清晰的"形"的表示. 例如,复数 $z=x+\mathrm{i}y$ 的模$|z|$表示复平面上点 $M(x,y)$到原点的距离 r(见图 1-2). 这种"形"的表示对研究复变函数有着重要的意义.

在复平面上,由于点 $M(x,y)$与向量$\overrightarrow{OM}$是一一对应的,所以复数 $z=x+\mathrm{i}y$ 可看成一个起点在原点、终点在点 $M(x,y)$的向量(向径)(见图 1-2). 复数的向量形式是复数在复平面上的又一几何解释.

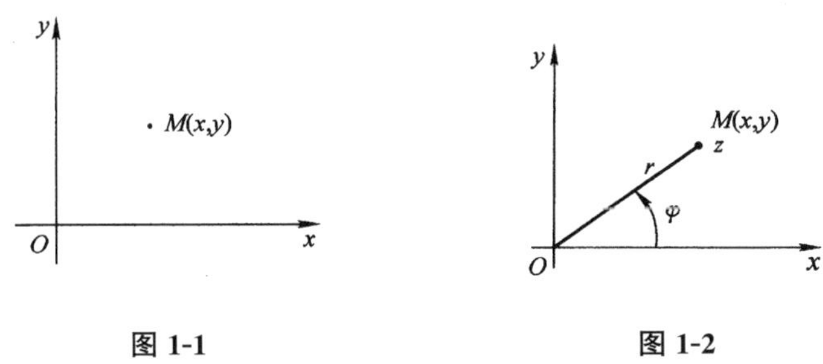

图 1-1　　图 1-2

1.2.2 复数的三角式与指数形式

1.2.2.1 复数 $z\neq 0$ 的辐角

当 $z\neq 0$ 时,以正实轴(x 轴)为始边、以表示 z 的向量$\overrightarrow{Oz}$为终边的角的弧度数 θ 称为 z 的**辐角**(argument),记作:$\mathrm{Arg}\, z=\theta$. 其方向规定逆时针方向为正,顺时针方向为负.

显然，对复数 $z=0$ 无辐角可言，而对任一个复数 $z\neq 0$，其辐角有无穷多个值，若 θ_0 是复数 z 的一个辐角，则

$$\mathrm{Arg}z=\theta_0+2k\pi(k\in\mathbf{Z})$$

就是复数 z 的全部辐角.

若用 $\arg z$ 表示满足条件 $-\pi<\arg z\leqslant\pi$ 的一个特定值，则称 $\arg z$ 为复数 z 的主辐角或辐角的主值. 显然，有

$$\mathrm{Arg}\,z=\arg z+2k\pi(k\in\mathbf{Z}).$$

辐角的主值 $\arg z(z\neq 0)$ 可以由反正切 $\arctan\dfrac{y}{x}$ 按下列关系确定：

$$\arg z=\begin{cases}\arctan\dfrac{y}{x}，当\ x>0,\\ \pm\dfrac{\pi}{2}，当\ x=0,y\neq 0,\\ \arctan\dfrac{y}{x}+\pi，当\ x<0,y\geqslant 0,\\ \arctan\dfrac{y}{x}-\pi，当\ x<0,y<0,\end{cases}$$

其中 $-\dfrac{\pi}{2}<\arctan\dfrac{y}{x}<\dfrac{\pi}{2}$.

1.2.2.2　复数的三角表示式

$z=x+\mathrm{i}y$ 称为复数的**代数式**.

利用直角坐标与极坐标的关系式，可知 $x=r\cos\theta,y=r\sin\theta$，因此很容易得到 $z=x+\mathrm{i}y$ 的三角表示式，称为复数 z 的**三角式**：

$$z=r(\cos\theta+\mathrm{i}\sin\theta)(z\neq 0,\theta\ 通常取\ \arg z),$$

其中 r 为 z 的**模**.

1.2.2.3　复数的指数表示式

由欧拉公式 $\mathrm{e}^{\mathrm{i}\theta}=\cos\theta+\mathrm{i}\sin\theta$，则由复数的三角表示式得

$$z=r\mathrm{e}^{\mathrm{i}\theta},$$

这种表示形式称为复数 $z(z\neq 0)$ 的**指数表示式**，其中 r 是 z 的模，θ 是 z 的辐角. 此时，

$$\begin{aligned}\bar{z}&=r(\cos\theta-\mathrm{i}\sin\theta)\\&=r[\cos(-\theta)+\mathrm{i}\sin(-\theta)]\\&=r\mathrm{e}^{-\mathrm{i}\theta}.\end{aligned}$$

利用复数的指数式做乘除法较简单，可得到两个等式：

$$\mathrm{Arg}(z_1z_2)=\mathrm{Arg}\,z_1+\mathrm{Arg}\,z_2,$$

$$\mathrm{Arg}\left(\frac{z_1}{z_2}\right)=\mathrm{Arg}\ z_1-\mathrm{Arg}\ z_2.$$

按以下约定来理解这两个等式：

第一个等式表明：由于辐角的多值性，等式在两个无限集合意义下成立，即当在左端取定一个值 α 时，可以在右端分别从 $\mathrm{Arg}\ z_1$ 中取出一个值 α_1 及从 $\mathrm{Arg}\ z_2$ 中取出一个值 α_2，使得 $\alpha=\alpha_1+\alpha_2$. 反之，当右端分别从 $\mathrm{Arg}\ z_1$ 与 $\mathrm{Arg}\ z_2$ 中取出 α_1 与 α_2 时，左端也必定存在某个 α，使得 $\alpha=\alpha_1+\alpha_2$.

第二个等式的理解与此类似. 今后，凡涉及含多值的等式时，均按此约定理解. 复数的各种表示法可以相互转换，以适应讨论不同问题时的需要.

【例 1.2】 将复数 $z=-2+2\sqrt{3}\mathrm{i}$ 化为三角表示式和指数表示式.

解 因为 $r=\sqrt{(-2)^2+(2\sqrt{3})^2}=\sqrt{16}=4$，$\arg z=\arctan\left(\frac{2\sqrt{3}}{-2}\right)+\pi=-\frac{\pi}{3}+\pi=\frac{2\pi}{3}$，

所以 z 的三角表示式是 $z=4\left(\cos\frac{2\pi}{3}+\mathrm{i}\sin\frac{2\pi}{3}\right)$，指数表示式是 $z=4\mathrm{e}^{\frac{2\pi}{3}\mathrm{i}}$.

1.2.3 复数的乘幂与方根

设 z 为复数，n 为正整数，z^n 表示 n 个 z 的乘积，称为 z 的 n 次幂. 若

$$z=r\mathrm{e}^{\mathrm{i}\theta}=r(\cos\theta+i\sin\theta),$$

则

$$z^n=r^n\mathrm{e}^{\mathrm{i}n\theta}=r^n(\cos n\theta+\mathrm{i}\sin n\theta).$$

特别地，当 $r=1$，即 $z=\cos\theta+\mathrm{i}\sin\theta$ 时，有

$$(\cos\theta+\mathrm{i}\sin\theta)^n=\cos n\theta+\mathrm{i}\sin n\theta,$$

这就是著名的棣莫弗(De Moivre)公式.

若存在复数 w 满足方程

$$w^n=z\ (z\text{ 为已知复数}),$$

则称 w 为 z 的一个 n 次方根，称求 z 的全部 n 次方根为把复数 z 开 n 次方，或称为求 z 的 n 次根，记作 $w=\sqrt[n]{z}$.

当 $z=0$ 时，$\sqrt[n]{0}=0$；当 $z\neq0$，求 $w=\sqrt[n]{z}$，令

$$z=r\mathrm{e}^{\mathrm{i}\theta},w=\rho\mathrm{e}^{\mathrm{i}\varphi},$$

于是

$$\rho^n\mathrm{e}^{\mathrm{i}n\varphi}=r\mathrm{e}^{\mathrm{i}\theta},$$

所以

$$\rho^n=r,n\varphi=\theta+2k\pi,$$

得

$$\rho=\sqrt[n]{r},\varphi=\frac{\theta+2k\pi}{n}\quad(k=0,\pm1,\pm2,\cdots)$$

所以
$$w=\sqrt[n]{z}=\sqrt[n]{r}\,\mathrm{e}^{\frac{\theta+2k\pi}{n}\mathrm{i}}.$$

当 $k=0,1,2,\cdots,n-1$ 时，得到 w 的 n 个不同的值；当 k 取其他整数值时，这些根又重复出现，因此一个复数的 n 次方根只取这 n 个不同的值，即
$$w=\sqrt[n]{z}=\sqrt[n]{r}\,\mathrm{e}^{\frac{\theta+2k\pi}{n}\mathrm{i}}\quad(k=0,1,2,\cdots,n-1).$$

从几何意义上讲，这 n 个不同的值就是以原点为中心、$\sqrt[n]{r}$ 为半径的圆的内接正 n 边形的 n 个顶点.

【例 1.3】　解方程：(1) $z^3+1=0$；　(2) $\sqrt[5]{1+\mathrm{i}}$.

解　(1) 求方程 $z^3+1=0$ 的解就是求 $z=-1$ 的全部三次方根.

因 $-1=\mathrm{e}^{\pi\mathrm{i}}$，所以方程的解是 $z=\mathrm{e}^{\frac{\pi+2k\pi}{3}\mathrm{i}}(k=0,1,2)$.

这三个根是内接于以中心为原点、半径为 1 的圆的内接正三角形的三个顶点.

(2) 因 $1+\mathrm{i}=\sqrt{2}\,\mathrm{e}^{\frac{\pi}{4}\mathrm{i}}$，所以 $\sqrt[5]{1+i}=\sqrt[10]{2}\,\mathrm{e}^{\frac{\frac{\pi}{4}+2k\pi}{5}\mathrm{i}}\quad(k=0,1,2,3,4)$.

这五个根是内接于以中心为原点、半径为 $\sqrt[10]{2}$ 的圆的内接正五边形的五个顶点.

1.2.4　无穷远点与复球面

由于某种需要，引入一个特殊的复数 —— 无穷大，记作 ∞.

关于 ∞，没有定义其实部、虚部与辐角，但规定其模 $|\infty|=+\infty$.

有关 ∞ 参与的运算规定如下：

设 a 是异于 ∞ 的一个复数，规定：
$$a\pm\infty=\infty\pm a=\infty,$$
$$a\cdot\infty=\infty\cdot a=\infty(a\neq 0),$$
$$\frac{a}{\infty}=0,\frac{\infty}{a}=\infty,$$

但是 $0\cdot\infty,\frac{\infty}{\infty},\infty\pm\infty,\frac{0}{0}$ 仍然没有确定的意义.

∞ 的几何解释：由于在复平面上没有一点能与 ∞ 相对应，所以只得假想在复平面上添加一个“假想点”(或理想点)，使它与 ∞ 对应，称此“假想点”为无穷远点.

关于无穷远点，约定：在复平面添加“假想点”后所成的平面上，每一条直线都通过无穷远点，同时，任一半平面都不包含无穷远点.

为了与复平面区别，称复平面添加无穷远点后所成的平面为**扩充复平面**. 扩充复平面又称**闭平面**，复平面又称**开平面**. 有时与扩充复平面相对而言，也把复平面称为有**限复平面**.

要特别注意的是：这里的记号 ∞ 是一个数，而在高等数学中所见的记号 $+\infty$ 或 $-\infty$ 均不是数，

它们只是表示变量的一种变化状态. 为使无穷远点有更加令人信服的直观解释,人们引入了黎曼球面(或复球面):

将一个球心为O'、半径为$\frac{1}{2}$的球按照以下方法放在直角坐标系$Oxyz$中(见图 1-3)(设复平面与xOy坐标平面重合):使球的一条直径与z轴重合,并且使球与xOy平面相切于原点O. 球面上的点O称为南极,点N称为北极.

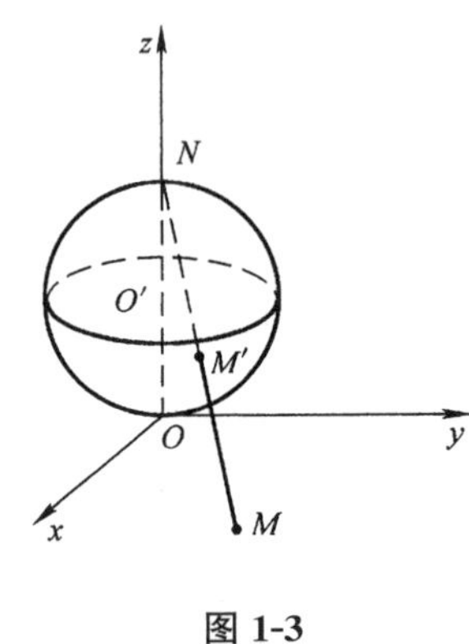

图 1-3

对于复平面内任一点M,如果用一直线将点M与北极点N连接起来,那么该直线一定与球面相交于异于北极的一点M'。反过来,对于球面上任何一个异于N的点M',用直线将N与M'连接起来,这条直线的延长线就一定与复平面相交于一点.

若规定点N为点∞在黎曼球面上的对应点,而点∞是点N在扩充复平面上的对应点,则扩充复平面与黎曼球面之间便建立了一一对应关系.

至此,关于复数的几何解释又可以理解为:复数域的几何模型就是复平面或挖掉点N的黎曼球面,复数域添加无穷远点后所成集合的几何模型是扩充复平面或黎曼球面.

1.3 平面点集

本节主要是对一些常见的点与点集做出规定. 若无特殊声明,均在复平面上讨论.

1.3.1 邻域

若$z_1=x_1+\mathrm{i}y_1, z_2=x_2+\mathrm{i}y_2$,则点$z_1$与$z_2$之间的距离$d(z_1,z_2)$规定为

$$d(z_1,z_2)=\sqrt{(x_2-x_1)^2+(y_2-y_1)^2},$$

显然

$$d(z_1,z_2)=|z_2-z_1|.$$

设 z_0 为一定点，$\rho>0$，称满足 $|z-z_0|<\rho$ 的点 z 的全体为点 z_0 的 ρ **邻域**，即以 z_0 为圆心、以 ρ 为半径的圆内的全体点所组成的集合记作 $U(z_0,\rho)$. 称 $U(z_0,\rho)-\{z_0\}$ 为 z_0 的**去心 ρ 邻域**，简称为点 z_0 的**去心邻域**.

下面利用邻域来刻画一些特殊的点与点集：

设 E 是 一点集，z_0 是一定点：

(1) 若 z_0 的任意一个邻域内都含有 E 的无穷多个点，则称 z_0 为 E 的**聚点**.

(2) 若 $z_0\in E$ 且存在某个 $U(z_0,\rho)$，使得 $U(z_0,\rho)$ 内除 z_0 外再无 E 的点，则称 z_0 为 E 的**孤立点**. 若 $z_0\in E$ 且存在某个 $U(z_0,\rho)$，使得 $U(z_0,\rho)\subset E$，则称点 z_0 为 E 的**内点**.

(3) 若存在某个 $U(z_0,\rho)$，使得 $U(z_0,\rho)$ 内的全部点都不属于 E，则称 z_0 为 E 的**外点**.

(4) 若 z_0 的任意一个邻域内既有属于 E 的点，又有不属于 E 的点，则称 z_0 为 E 的**边界点**.

(5) 称由 E 的全部边界点组成的集合为 E 的边界，记作 ∂E.

(6) 若 E 的点都是 E 的内点，则称 E 为**开集**.

(7) 若 E 的全部聚点都属于 E，则称 E 为**闭集**. 若存在一个正数 M，使得 E 内的任意一点 z 都满足 $z<M$，则称 E 为**有界集**，否则称 E 为**无界集**.

1.3.2　曲线

定义 1.2　设 $x(t)$ 与 $y(t)$ 是定义在区间 $[\alpha,\beta]$ 上的实值连续函数，称由

$$z(t)=x(t)+\mathrm{i}y(t)$$

确定的点集 C 为复平面上的**连续曲线**，$z(\alpha)$ 与 $z(\beta)$ 分别称为曲线 C 的起点与终点.

若 $z(\alpha)=z(\beta)$，则称曲线为**闭曲线**.

曲线 C 的方向规定为参数 t 增加的方向. 曲线 C 的反向曲线记为 C^-.

若连续曲线 C 仅当 $t_1=t_2$ 时，$z(t_1)=z(t_2)$，则称 C 为简单曲线或若尔当(Jordan) 曲线.

当 $t_1\neq t_2$ 而有 $z(t_1)=z(t_2)$ 时，点 $z(t_1)$，$z(t_2)$ 称为曲线 C 的重点. 没有重点的连续曲线称为简单曲线或若尔当曲线.

若连续曲线 C 是一闭曲线，且仅当 $t_1\neq t_2$ 时，有 $z(t_1)=z(t_2)$，则称 C 是简单闭曲线或若尔当闭曲线(即简单曲线起点与终点重合).

若 C 是简单曲线，$x'(t)$ 与 $y'(t)$ 在 $[\alpha,\beta]$ 上连续，且对 $t\in[\alpha,\beta]$，有

$$z'(t)=x'(t)+\mathrm{i}y'(t)\neq 0\quad \{[x'(t)]^2+[y'(t)]^2\neq 0\},$$

则称 C 为**光滑曲线**,称由有限条光滑曲线首尾连接而成的曲线为**逐段光滑曲线**.

为方便起见,称逐段光滑的闭曲线为**围线**. 关于围线的方向规定为:逆时针方向为正向,顺时针方向为负向.

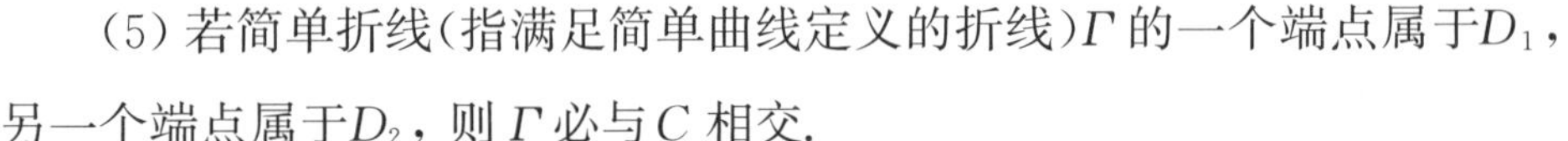

1.3.3 区域

设 E 为点集,若对 E 中任意两点,总能用一条完全属于 E 的连续曲线将它们连接起来,则称 E 是连通的. 设 E 为点集,若它是开集,且是连通的,则称 E 为区域.

若点集 D 为区域,则称 D 连同其边界 ∂D 所成的集合为闭区域,记作 $\overline{D}$.

任意一条简单闭曲线 C 必将复平面唯一地分成 D_1,C,D_2 三个点集(见图 1-4),使它们满足:

(1) 彼此不相交;

(2) D_1 是一个有界区域(称为曲线 C 的内部);

(3) D_2 是一个无界区域(称为曲线 C 的外部);

(4) C 既是 D_1 的边界又是 D_2 的边界;

(5) 若简单折线(指满足简单曲线定义的折线) Γ 的一个端点属于 D_1,另一个端点属于 D_2,则 Γ 必与 C 相交.

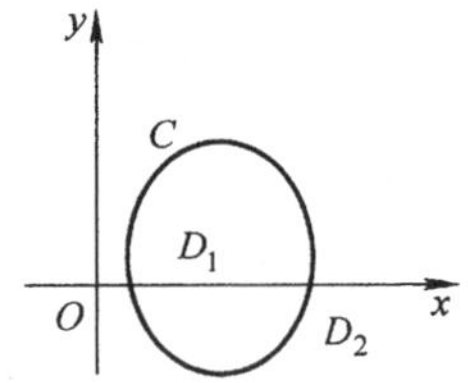

图 1-4

设 D 为区域,若 D 中任意一条简单闭曲线的内部仍属于 D,则称 D 为**单连通区域**,不是单连通区域的区域称为**复连通区域**,由定义得知,上述的 E 是单连通区域,D 是复连通区域.

单连通区域的特征是在该区域内任一个简单闭曲线可经过连续变形而缩成一个点,而复连通区域不具有这个特征.

1.4 复变函数

复变函数研究的主要对象是定义在复数域上的解析函数,而解析函数是一种特殊的复变函数,因此,在讨论了复数集后,还需要讨论复变函数的有关概念,进而为研究后续解析函数做好准备.

1.4.1 复变函数的概念

定义 1.3 设 D 与 E 为复平面上的两个复数集,若存在对应关系 f,使得对于每一个 $z \in$

D，都有确定的 $w \in E$ 与之对应，则称在 D 上确定一函数，记作

$$w = f(z)(z \in D).$$

习惯上称复变数 w 是复变数 z 的函数，简称**复变函数**.

若对每个 $z \in D$，只有一个 w 与之对应，则称 $w = f(z)$ 为单值函数. 否则，称 $w = f(z)$ 为多值函数. 例如，$w = z^2$，$w = z$ 为单值函数，$w = \sqrt[n]{z}$，$w = \mathrm{Arg}\, z$ 为多值函数.

今后，若无特殊声明，则讨论的函数均为单值函数.

与高等数学一样，在上述定义中，称集合 D 为函数的定义域，称 D 的生成集

$$f(G) = \{w \mid w = f(z), z \in D\}$$

为函数的值域，z 与 w 分别称为函数的**自变量**与**因变量**.

函数 $w = f(z)$ 又称为变换或映射. 变换或映射着重刻画点与点之间的对应关系，而函数则着重刻画数与数之间的对应关系.

设有函数 $w = f(z)(z \in D)$，D 为区域，当 $z_1 \neq z_2$ 时，有 $f(z_1) \neq f(z_2)$，则称 $w = f(z)$ 为 D 上的单叶函数，称 D 为 $w = f(z)$ 的单叶性区域.

例如，$w = z + 1$ 是复平面上的单叶函数，复平面是该函数的单叶性区域.

设有函数 $w = f(z)(z \in D)$，若对值域 G 中的每一个 w，都有确定的 $z \in D$ 与之对应，且使 $w = f(z)$，则称在 G 上确定一函数，记作 $z = f^{-1}(w)(w \in G)$，称为函数 $w = f(z)$ 的反函数. 显然，反函数也有单值函数与多值函数之分.

例如，$w = z + 1$ 的反函数 $z = w - 1$ 是单值函数，而 $w = z^3$ 的反函数 $w = \sqrt[3]{z}$ 是多值函数.

设有函数 $w = f(z)(z \in D)$，若存在 $M > 0$，使对任意的 $z \in D$ 都有 $f(z) < M$，则称函数 $w = f(z)$ 为 D 上的有界函数；否则，称为无界函数.

复变函数与实值函数有无联系呢?为弄清这个问题，下面来观察一个例子.

设 $w = z^2$，令

$$z = x + \mathrm{i}y, w = u + \mathrm{i}v,$$

则有

$$u + \mathrm{i}v = (x + \mathrm{i}y)^2 = (x^2 - y^2) + \mathrm{i}2xy,$$

于是有

$$u = x^2 - y^2, v = 2xy.$$

由此可知，函数 $w = z^2$ 的实部与虚部均为二元实值函数.

一般而言，对于 $w = f(z)(z \in D)$，若令 $z = x + \mathrm{i}y, w = u + \mathrm{i}v$，则由对应关系 f 与复数相等的定义，易知 u 与 v 均是二元实值函数. 若设 $z = x + \mathrm{i}y, w = u + \mathrm{i}v$，则有

$$w = f(z) = u(x, y) + \mathrm{i}v(x, y).$$

因此，研究复变函数可以转化为研究二元实值函数.

至此,可以说,复变函数与实值函数有联系.这种联系表现为:定义了一个复变函数 $w=f(z)$,相当于定义了两个实变函数 $u=u(x,y)$,$v=v(x,y)$.

由于复变函数 $w=f(z)$的几何图形需在四维空间中考虑,因此无法像实变函数那样直观地表示.为了更直观地理解复变函数,通常从变换或映射的角度进行分析.设有函数 $w=f(z)(z\in D)$,值域 $G=f(D)$.取两张复平面,分别称为 z 平面和 w 平面,将定义域 D 放在 z 平面上,值域 G 放在 w 平面上,则复变函数 $w=f(z)$的几何意义是,将 z 平面上的集合 D 变换(映射)为 w 平面上的集合 G.通常,称 D 为**原像集**,称 G 为**像集**.若 $w_0\in G$ 是由点 $z_0\in D$ 变换(映射)来的,则称 w_0 为 z_0 的**像点**,z_0 为 w_0 的**原像点**.

【例 1.4】 设 $w=f(z)=z^2$,试问它把 z 平面上的下列曲线分别映射成 w 平面上的什么曲线:

(1)$D=\left\{z\,\middle|\,|z|<2,0<\arg z<\dfrac{\pi}{2}\right\}$;　　　　(2)$G=\{z\mid x^2-y^2=4\}$.

解　(1) 设 $z=re^{i\theta}$,$w=\rho e^{i\varphi}$,代入 $w=f(z)=z^2$ 得 $\rho=r^2$,$\varphi=2\theta$.

而由 D 可知 $r=2$,$0<\arg z<\dfrac{\pi}{2}$,故有 $\rho=4$,$0<\varphi<\pi$,即像为

$$G=\{w\,|\,|w|<4,0<\arg w<\pi\}.$$

(2) 设 $z=x+iy$,$w=u+iv$,代入 $w=f(z)=z^2$ 得

$$u=x^2-y^2,v=2xy.$$

而由 D 可知 $x^2-y^2=4$,故有 $u=4$,即像为

$$G=\{w\mid \mathrm{Re}(w)=4\}.$$

1.4.2　复变函数的极限

定义 1.4　设函数 $w=f(z)$在 z_0 的某一去心邻域 $0<|z-z_0|<\rho$ 内有定义,若存在复数 A,对于任意的 $\varepsilon>0$,总存在 $\delta>0$,使得当 $0<|z-z_0|<\delta$ 时,有

$$|f(z)-A|<\delta,$$

则称 $f(z)$当 z 趋于 z_0 时有极限 A,记作

$$\lim_{z\to z_0}f(z)=A\text{ 或 }f(z)\to A(z\to z_0).$$

从定义上看,复变函数的极限概念与高等数学中实变函数的极限概念极为相似.然而,由于复变函数涉及复数域,其极限行为与实变函数有本质区别:在复变函数的极限概念中,$z\to z_0$ 时关于路径的要求比实变函数中 $x\to x_0$ 时关于路径的要求要苛刻得多,前者 $z\to z_0$ 要求 $z=x+iy$ 沿任意路径趋于 $z_0=x_0+iy_0$,相当于$\begin{cases}x\to x_0\\y\to y_0\end{cases}$,而后者 $x\to x_0$ 仅要求 x 在实轴上任意趋

于 x_0.

由复变函数的极限定义,可仿照高等数学中的方法获得关于极限的四则运算法则.

定理 1.1 若函数 $f(z)$ 与 $g(z)$ 均定义在 G 上,且 $f(z)\to A, g(z)\to B(z\to z_0)$,则有:

(1) $[f(z)\pm g(z)]\to A\pm B(z\to z_0)$;

(2) $[f(z)\cdot g(z)]\to AB(z\to z_0)$;

(3) $\dfrac{f(z)}{g(z)}\to\dfrac{A}{B}(B\neq 0, z\to z_0)$.

定理 1.2 若 $f(z)=u(x,y)+v(x,y), z\in G, z_0=x_0+\mathrm{i}y_0$ 是 G 的聚点,则 $\lim\limits_{z\to z_0}f(z)=A$ 的充分必要条件是

$$\lim_{\substack{x\to x_0\\y\to y_0}}u(x,y)=\mathrm{Re}(A) \text{ 且} \lim_{\substack{x\to x_0\\y\to y_0}}v(x,y)=\mathrm{Im}(A).$$

该定理告诉我们:复变函数的极限的存在性等价于其实部和虚部两个二元实变函数极限的存在性,于是将求复变函数的极限问题转化为求两个二元实变函数的极限问题.

1.4.3 复变函数的连续性

定义 1.5 设 $w=f(z)(z\in G)$, z_0 为 G 的聚点且 $z_0\in G$,若

$$\lim_{\substack{z\to z_0\\(z\in G)}}f(z)=f(z_0),$$

则称 $f(z)$ 在点 z_0 连续.若 $f(z)$ 在 G 中每一点都连续,则称 $f(z)$ 在 G 上连续.

定理 1.3 函数 $f(z)=u(x,y)+\mathrm{i}v(x,y)$ 在点 $z_0=x_0+\mathrm{i}y_0$ 连续的充分必要条件是 $u(x,y)$ 与 $v(x,y)$ 同时在点 (x_0,y_0) 连续.

与高等数学中的一元连续函数一样,由连续的定义可类似地获得以下结论:

定理 1.4 若 $f(z)$ 与 $g(z)$ 均在点 z_0 连续,则 $f(z)\pm g(z), f(z)\cdot g(z), \dfrac{f(z)}{g(z)}[g(z_0)\neq 0]$ 在点 z_0 也连续.

定理 1.5 若函数 $h=g(z)$ 在点 z_0 连续,函数 $w=f(h)$ 在 $h_0=g(z_0)$ 连续,那么复合函数 $w=f(g(z))$ 在点 z_0 也连续.

在有界闭区域 $\overline{D}$ 上的连续函数 $f(z)$ 在 $\overline{D}$ 上为有界函数,即存在有限正数 M,使得

$$|f(z)\leqslant M|\ (z\in\overline{D}).$$

习题 1

1. 求下列复数的实部与虚部、共轭复数、模与辐角：

(1) $\frac{1}{\mathrm{i}}-\frac{3\mathrm{i}}{1-\mathrm{i}}$；

(2) $\left(\frac{1+\sqrt{3}\mathrm{i}}{2}\right)^5$；

(3) $\mathrm{i}^8+4\mathrm{i}^{21}+\mathrm{i}$；

(4) $(1+2\mathrm{i})(2+\sqrt{3}\mathrm{i})$.

2. 设 $z_1=\frac{1+\mathrm{i}}{\sqrt{2}}, z_2=\sqrt{3}-\mathrm{i}$，试用指数式表示 $z_1z_2, \frac{z_1}{z_2}$.

3. 求下列各式的值：

(1) $(\sqrt{3}-\mathrm{i})^5$；

(2) $\sqrt[6]{-1}$；

(3) $(-1+\mathrm{i})^{10}$.

4. 求方程 $z^4+a^4=0$(a 是正实数) 的根.

5. 将下列方程(t 为实参数) 给出的曲线用一个实直角坐标系方程给出.

(1) $z=t(1+\mathrm{i})$；

(2) $z=a\mathrm{e}^{\mathrm{i}t}+b\mathrm{e}^{-\mathrm{i}t}$；

(3) $z=t+\frac{\mathrm{i}}{t}$；

(4) $z=t^2+\frac{\mathrm{i}}{t^2}$.

6. 下列各题中表示点 z 的轨迹的图形是什么?它是不是区域?

(1) $\mathrm{Re}(z+2)=-1$；

(2) $|z+2\mathrm{i}|\geqslant 1$；

(3) $|z+\mathrm{i}|=|z-\mathrm{i}|$；

(4) $\arg(z-\mathrm{i})=\frac{\pi}{4}$；

(5) $|z+3|+|z+1|=4$；

(6) $0<\arg z<\pi$；

(7) $\left|\frac{z-3}{z-2}\right|\geqslant 1$.

7. 在映射 $w=z^2$ 下，区域 $0<\arg z<\frac{\pi}{4}(|z|<1)$ 映射为什么样的区域?

8. 求下列函数的定义域，并判断这些函数在定义域内是否为连续函数.

(1) $w=|z|$；

(2) $w=\frac{z+1}{(z+2)^2+1}$.

9. 试证：函数 $f(z)=z$ 在 z 平面上处处连续.

10. 试证：$\arg z(-\pi<\arg z\leqslant\pi)$ 在负实轴上(包括原点)不连续，除此而外在 z 平面上处处连续.

11. 设函数 $f(z)$ 在点 z_0 处连续，且 $f(z_0)\neq 0$，证明：存在 z_0 的邻域使 $f(z)\neq 0$.

第 2 章 解析函数

解析函数是复变函数中的实、虚部具有特殊关系的一类函数，它的性质在理论和实际问题中有着广泛的应用，是复变函数研究的主要对象. 本章在介绍复变函数导数和求导法则的基础上，首先介绍解析函数的概念和判定方法，然后介绍一些常用的初等函数，说明它们的解析性.

2.1 解析函数的概念与柯西－黎曼条件

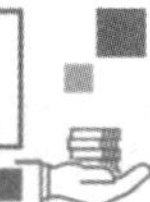

定义 2.1 给定在区域 D 上有定义的复变函数 $w=f(z)$，取 D 中一点 z，任意取定 $\Delta z\neq 0$，且使 $z+\Delta z\in D$，设

$$\Delta w=\Delta f=f(z+\Delta z)-f(z),$$

若极限

$$\lim_{\Delta z\to 0}\frac{\Delta w}{\Delta z}=\lim_{\Delta z\to 0}\frac{f(z+\Delta z)-f(z)}{\Delta z}$$

为一个有限复数,则称此极限为函数 $f(z)$ 在点 z 的**导数**,记作:$f'(z)$，即

$$f'(z)=\lim_{\Delta z\to 0}\frac{f(z+\Delta z)-f(z)}{\Delta z}. \tag{2-1}$$

用不等式描述式(2-1)为:任意给定 $\varepsilon>0$，存在 $\delta>0$，使得当 $0<|\Delta z|<\delta$，且 $z+\Delta z\in D$ 时,恒有

$$\left|\frac{\Delta w}{\Delta z}-f'(z)\right|<\varepsilon,$$

则称 $f(z)$ 在点 z 处**可导**,$f'(z)$ 称为 $f(z)$ 在点 z 的导数.

这是一个构造性定义,不但定义了导数,还提供了求导数的方法. 定义中的 $\Delta z\neq 0$，且 $z+\Delta z\in D$ 和 $\Delta z\to 0$ 是关键性条件. 由 $\Delta z\neq 0$,$z+\Delta z\in D$ 得到了比值 $\frac{\Delta w}{\Delta z}$；再由 $\Delta z\to 0$,求比值 $\frac{\Delta w}{\Delta z}$ 的极限(而非极限的比),Δz 的这两大作用完成了导数的定义. 导数建立后,Δz 便消失了. 我们不能仅仅认为 Δz 曾经存在过而现在不存在,而应深刻理解它在导数定义中的重要作用,这对今后研究解析函数具有重要意义.

需要注意的是,同第 1 章复变函数极限的定义类似,该定义中 $\Delta z\to 0$(即 $z+\Delta z\to z$) 的方式是任意的,极限存在的要求与 $\Delta z\to 0$ 的路径和方式无关. 也就是说,Δz 在 D 内沿任何路径以任何方式趋于 0 时,比值 $\frac{\Delta w}{\Delta z}$ 都趋于同一常数,才能说 $f(z)$ 在 z 可导. 这一点与实变函数有显著不同,在一元实变函数导数的定义中,Δx 只是在数轴上的左、右两侧趋于 0. 显然,当 Δz 在 D 内沿两条不同路径趋于 0 时,比值 $\frac{\Delta w}{\Delta z}$ 趋于不同的常数,或当 Δz 在 D 内沿某一路径趋于 0 时,比值

$\frac{\Delta w}{\Delta z}$不能趋于一个确定的常数，那么 $f(z)$在 z 处不可导.

若令 $\zeta = z + \Delta z$，则式(2-1) 又可写成

$$\lim_{\zeta \to z} \frac{f(\zeta) - f(z)}{\zeta - z} = f'(z). \tag{2-2}$$

如果 $f(z)$在区域D 内每点都可导，那么称 $f(z)$在区域D 内可导.

【例 2.1】　证明：函数 $f(z) = \text{Re}\, z$ 在 z 平面每点都不可导.

证明　对 z 平面上任一点 $z = x + \mathrm{i}y$ 有 $\Delta z = \Delta x + \mathrm{i}\Delta y$，从而

$$\frac{\Delta f}{\Delta z} = \frac{\text{Re}(z + \Delta z) - \text{Re}\, z}{\Delta z} = \frac{(x + \Delta x) - x}{\Delta x + \mathrm{i}\Delta y} = \frac{\Delta x}{\Delta x + \mathrm{i}\Delta y}.$$

当 Δz 取实数趋于 0(即 $z + \Delta z$ 沿平行于实轴的方向趋于z)时，$\frac{\Delta f}{\Delta z} \to 1$；当 Δz 取纯虚数趋于 0(即 $z + \Delta z$ 沿平行于虚轴的方向趋于z)时，$\frac{\Delta f}{\Delta z} \to 0$，这表明极限$\lim\limits_{\Delta z \to 0} \frac{\Delta f}{\Delta z}$不存在，即 $\text{Re}\, z$ 在点z 不可导，由 z 的任意性知，$\text{Re}\, z$ 在 z 平面上每点不可导.

显然 $\text{Re}\, z$ 在 z 平面上每点都连续. 在复变函数中，处处连续而处处不可导的函数几乎随手可得，而在实变函数中，要找这样一个函数，却是不容易办到的.

定理 2.1　若函数 $f(z)$在 点 z 可导，则 $f(z)$在 点 z 连续.

证明　由于

$$f(\zeta) - f(z) = \frac{f(\zeta) - f(z)}{\zeta - z}(\zeta - z),$$

两边取极限，由 $f(z)$在 点 z 可导，得

$$\lim_{\zeta \to z}[f(\zeta) - f(z)] = f'(z) \cdot 0 = 0,$$

即

$$\lim_{\zeta \to z} f(\zeta) = f(z),$$

从而 $f(z)$在 点 z 连续.

由例 2.1 知，该定理的逆定理显然不成立.

【例 2.2】　设 $f(z) = z^2$，则 $f'(z) = \lim\limits_{\Delta z \to 0} \frac{(z + \Delta z)^2 - z^2}{\Delta z} = \lim\limits_{\Delta z \to 0}(2z + \Delta z) = 2z.$

由导数的定义还可以推出：对任意正整数 n，z^n 在 z 平面上可导，且$(z^n)' = nz^{n-1}$，该结论可作为公式使用. 事实上，由于复变函数中导数的定义与一元实变函数中导数的定义在形式上完全相同，而且复变函数中的极限运算法则也和一元实变函数相同，因而一元实变函数中的求导法则都可以不加更改地推广到复变函数中来，而且证法也是相同的，现将几个常用的复变函数求导法则罗列如下：

(1) 复常数 c 的导数为 0，即$c' = 0$；

(2) $(z^n)'=nz^{n-1}$，n 为正整数；

(3) 可导函数的和、差、积、商仍可导，有

$$[f(z)\pm g(z)]'=f'(z)\pm g'(z),$$

$$[f(z)\cdot g(z)]'=f'(z)g(z)+f(z)g'(z),$$

$$\left[\frac{f(z)}{g(z)}\right]'=\frac{f'(z)g(z)-f(z)g'(z)}{g^2(z)},g(z)\neq 0;$$

(4) 可导函数的复合函数仍可导，有$F'[f(z)]=F'(w)f'(z)$，其中 $w=f(z)$；

(5) 反函数求导法则 $f'(z)=\dfrac{1}{\varphi'(w)}$，其中，$w=f(z)$与$z=\varphi(w)$是两个互为反函数的单值函数，且$\varphi'(w)\neq 0$.

显然，复有理多项式函数

$$P(z)=a_0z^n+a_1z^{n-1}+\cdots+a_n\quad(a_0\neq 0)$$

在复平面处处可导. 复有理分式函数

$$\frac{P(z)}{Q(z)}=\frac{a_0z^n+a_1z^{n-1}+\cdots+a_n}{b_0z^m+b_1z^{m-1}+\cdots+b_m}\quad(a_0\neq 0,b_0\neq 0)$$

在除使分母 $Q(z)=0$ 的各点外处处可导.

【例 2.3】 已知 $f(z)=(z^2-2z+\mathrm{i})^3$，求 $f'(0)$.

解　根据求导法则，有 $f'(z)=3(z^2-2z+\mathrm{i})^2(2z-2)$，$f'(0)=6$.

【例 2.4】 判断函数 $g(z)=\dfrac{z}{z^2+1}$ 在哪些点可导，并写出函数在可导点处的导数.

解　$g(z)=\dfrac{z}{z^2+1}$ 在复平面上 $z\neq\pm\mathrm{i}$ 的点均可导，根据求导法则有

$$g'(z)=\frac{z'(z^2+1)-z(z^2+1)'}{(z^2+1)^2}=\frac{1-z^2}{(z^2+1)^2}.$$

[注意]　许多情形不能用求导法则来求导，如 $f(z)=z+\mathrm{Im}\,z$，$f(z)=\mathrm{Re}\,z$ 等，需用其他方法来讨论函数的可导性.

下面给出复变函数微分的概念.

设函数 $w=f(z)$在点 z 可导，于是

$$\lim_{\Delta z\to 0}\frac{\Delta w}{\Delta z}=f'(z),$$

即

$$\frac{\Delta w}{\Delta z}=f'(z)+\alpha,$$

其中$\lim\limits_{\Delta z\to 0}\alpha=0$，从而有

$$\Delta w=f'(z)\Delta z+\alpha\Delta z,\tag{2-3}$$

其中$|\alpha\Delta z|$为比 $|\Delta z|$ 高阶的无穷小，而 $f'(z)\Delta z$ 是函数 $w=f(z)$的改变量 Δw 的线性部分，

称 $f'(z)\Delta z$ 为 $w=f(z)$ 在点 z 的**微分**,记作:$\mathrm{d}w$ 或 $\mathrm{d}f(z)$,即

$$\mathrm{d}w=f'(z)\Delta z, \tag{2-4}$$

此时也称函数 $f(z)$ 在 z 处**可微**.

特别地,当 $f(z)=z$ 时,$f'(z)=1$,代入 $\mathrm{d}w=f'(z)\Delta z$ 中,得 $\mathrm{d}z=\Delta z$,从而式(2-4)变为

$$\mathrm{d}w=f'(z)\mathrm{d}z,$$

即有

$$f'(z)=\frac{\mathrm{d}w}{\mathrm{d}z}.$$

由此可见,$f(z)$ 在 z 可导与 $f(z)$ 在 z 可微是等价的.

在定义了复变函数 $f(z)$ 的导数、微分的概念后,下面进一步探讨 $f(z)$ 在 z 处可导的条件.若 $w=f(z)$ 在点 z 可导,则由式(2-3)知

$$\Delta f=\Delta w=f'(z)\Delta z+\alpha\Delta z,$$

其中 $\lim\limits_{\Delta z\to 0}\alpha=0$,进一步设 $\Delta f=\Delta u+\mathrm{i}\Delta v$,$f'(z)=a+\mathrm{i}b$,$\Delta z=\Delta x+\mathrm{i}\Delta y$,则有

$$\Delta u+\mathrm{i}\Delta v=(a+\mathrm{i}b)(\Delta x+\mathrm{i}\Delta y)+\alpha\Delta z=(a\Delta x-b\Delta y)+\mathrm{i}(b\Delta x+a\Delta y)+\alpha\Delta z.$$

比较上式的实部与虚部可得

$$\Delta u=a\Delta x-b\Delta y+\mathrm{Re}(\alpha\Delta z),\Delta v=b\Delta x+a\Delta y+\mathrm{Im}(\alpha\Delta z).$$

这里 $\mathrm{Re}(\alpha\Delta z)$ 及 $\mathrm{Im}(\alpha\Delta z)$ 都是关于 $|\Delta z|=\sqrt{\Delta x^2+\Delta y^2}$ 的高阶无穷小,以 $\mathrm{Re}(\alpha\Delta z)$ 为例,由

$$\frac{|\mathrm{Re}(\alpha\Delta z)|}{|\Delta z|}\leqslant\frac{|\alpha\Delta z|}{|\Delta z|}=|\alpha|\xrightarrow[|\Delta z|\to 0]{}0,$$

知 $\mathrm{Re}(\alpha\Delta z)$ 是关于 $|\Delta z|$ 的高阶无穷小,故 $u(x,y)$,$v(x,y)$ 在点 (x,y) 皆可微,并且有

$$\frac{\partial u}{\partial x}=\frac{\partial v}{\partial y}=a,\frac{\partial u}{\partial y}=-\frac{\partial v}{\partial x}=-b.$$

事实上,有如下重要的定理:

定理 2.2　设 $f(z)=u(x,y)+\mathrm{i}v(x,y)$ 是定义在区域 D 上的函数,则在 D 内一点 $z=x+\mathrm{i}y$ 可导的充要条件是:在点 (x,y) 处,u,v 皆可微,并且满足条件

$$\begin{cases}\dfrac{\partial u}{\partial x}=\dfrac{\partial v}{\partial y},\\[2ex]\dfrac{\partial u}{\partial y}=-\dfrac{\partial v}{\partial x},\end{cases} \tag{2-5}$$

这里 $u=u(x,y)$,$v=v(x,y)$.

证明　定理的必要性前面已证,下面证明其充分性.若 $u(x,y)$,$v(x,y)$ 在点 (x,y) 处皆可微,则有

$$\Delta u=\frac{\partial u}{\partial x}\Delta x+\frac{\partial u}{\partial y}\Delta y+\alpha_1,\quad \Delta v=\frac{\partial v}{\partial x}\Delta x+\frac{\partial v}{\partial y}\Delta y+\alpha_2,$$

其中，$\lim\limits_{\rho\to 0}\dfrac{\alpha_1}{\rho}=0$，$\lim\limits_{\rho\to 0}\dfrac{\alpha_2}{\rho}=0\left(\rho=\sqrt{\Delta x^2+\Delta y^2}\right)$，记$\dfrac{\partial u}{\partial x}=a$，$\dfrac{\partial v}{\partial x}=b$，根据式(2-5)有$\dfrac{\partial u}{\partial y}=-b$，$\dfrac{\partial v}{\partial y}=a$，从而

$$\begin{aligned}\Delta f&=\Delta u+\mathrm{i}\Delta v=(a\Delta x-b\Delta y)+\mathrm{i}(b\Delta x+a\Delta y)+\alpha_1+\mathrm{i}\alpha_2\\&=(a+\mathrm{i}b)(\Delta x+\mathrm{i}\Delta y)+\alpha_1+\mathrm{i}\alpha_2,\end{aligned}$$

两端同除以 Δz，得

$$\frac{\Delta f}{\Delta z}=a+\mathrm{i}b+\frac{\alpha_1+\mathrm{i}\alpha_2}{\Delta z}.$$

因为

$$\left|\frac{\alpha_1+\mathrm{i}\alpha_2}{\Delta z}\right|\leqslant\frac{|\alpha_1|}{\sqrt{\Delta x^2+\Delta y^2}}+\frac{|\alpha_2|}{\sqrt{\Delta x^2+\Delta y^2}}\xrightarrow[|\Delta z|\to 0]{}0,$$

故

$$\lim_{\Delta z\to 0}\frac{\alpha_1+\mathrm{i}\alpha_2}{\Delta z}=0,$$

从而有

$$\lim_{\Delta z\to 0}\frac{\Delta f}{\Delta z}=a+\mathrm{i}b,$$

故 $f(z)$在点 $z=x+\mathrm{i}y$ 可导，从而定理 2.2 的充分性得证.

式(2-5)称为**柯西 - 黎曼**(Cauchy-Riemann)条件，简称为C-R条件，它表示可导函数的实部与虚部有着特别的联系.

由第 1 章的知识知，复变函数的极限与连续性均等价于两个二元实变函数(函数的实部与虚部)的极限与连续性，但由定理2.2知，函数 $f(z)$的可导性，并不等价于两个二元实变函数 Re $f(z)$与 Im$f(z)$的可微性，因此可导的概念在复变函数的研究中起着分水岭的作用.

推论 2.1 若 $f(z)=u+\mathrm{i}v$ 在点 $z=x+\mathrm{i}y$ 处可导，则有

$$f'(z)=\frac{\partial u}{\partial x}+\mathrm{i}\frac{\partial v}{\partial x}=\frac{\partial v}{\partial y}-\mathrm{i}\frac{\partial u}{\partial y}=\frac{\partial u}{\partial x}-\mathrm{i}\frac{\partial u}{\partial y}=\frac{\partial v}{\partial y}+\mathrm{i}\frac{\partial v}{\partial x}.\tag{2-6}$$

从定理 2.2 的证明中看出推论 2.1 成立.

推论 2.2 设函数 $f(z)=u+\mathrm{i}v$，若 u,v 在点(x,y)的四个一阶偏导数都连续且满足 C-R 条件，则 $f(z)$在点 $z=x+\mathrm{i}y$ 处可导.

事实上，根据高等数学课程中的相关知识，当 u,v 在点(x,y)有一阶连续偏导数时，u,v 在点(x,y)可微，再由定理 2.2 知，推论 2.2 成立.

还需注意："$u(x,y),v(x,y)$可微" 和"$u(x,y),v(x,y)$满足 C-R 条件" 二者是相互独立的，这可从下面的一些例题中看出.

【例 2.5】 设 $f(z)=\bar{z}=x-\mathrm{i}y$，$u=x$，$v=-y$，可求得

$$\frac{\partial u}{\partial x}=1,\frac{\partial u}{\partial y}=0,\frac{\partial v}{\partial x}=0,\frac{\partial v}{\partial y}=-1.$$

显然，u,v 处处不满足 C-R 条件，故 $f(z)=\bar{z}$ 处处不可导.

【例 2.6】 设 $f(z)=z\mathrm{Re}\,z=x^2+\mathrm{i}xy, u=x^2, v=xy$，可求得

$$\frac{\partial u}{\partial x}=2x,\frac{\partial u}{\partial y}=0,\frac{\partial v}{\partial x}=y,\frac{\partial v}{\partial y}=x.$$

显然，四个偏导数处处连续，但 u,v 仅在点 $(0,0)$ 满足 C-R 条件，故 $f(z)=z\mathrm{Re}z$ 仅在点 $z=0$ 可导，且 $f'(0)=0$.

【例 2.7】 设 $f(z)=\sqrt{|\mathrm{Im}\,z^2|}=\sqrt{|2xy|}$，证明：$u=\sqrt{|2xy|}, v=0$ 在点 $(0,0)$ 满足 C-R 条件，但在点 $z=0$，$f(z)$ 不可导.

证明 在点 $(0,0)$ 有

$$\frac{\partial u}{\partial x}=\lim_{\Delta x\to 0}\frac{u(\Delta x,0)-u(0,0)}{\Delta x}=0,$$

$$\frac{\partial u}{\partial y}=\lim_{\Delta y\to 0}\frac{u(0,\Delta y)-u(0,0)}{\Delta y}=0,$$

$$\frac{\partial v}{\partial x}=\frac{\partial v}{\partial y}=0,$$

这说明 u,v 在点 $(0,0)$ 满足 C-R 条件.

在 $z=0$ 处有

$$\frac{\Delta f}{\Delta z}=\frac{f(\Delta z)-f(0)}{\Delta z}=\frac{\sqrt{|2\Delta x\Delta y|}}{\Delta x+\mathrm{i}\Delta y},$$

取 Δz 沿直线 $y=kx$ 趋于 0 时，有

$$\lim_{\substack{\Delta x\to 0\\ \Delta y=k\Delta x}}\frac{\Delta f}{\Delta z}=\frac{\sqrt{|2k(\Delta x)^2|}}{\Delta x+\mathrm{i}k\Delta x}=\frac{\pm\sqrt{2|k|}}{1+\mathrm{i}k},$$

该值与 k 有关，随着 k 的变化而变化，这说明 $f(z)=\sqrt{|\mathrm{Im}\,z^2|}$ 在点 $z=0$ 不可导.

由定理 2.2 可断定 u,v 在 $(0,0)$ 点至少有一个不可微，这里是 u 在 $(0,0)$ 点不可微.

定义 2.2 若函数 $f(z)$ 在点 z_0 的某一个邻域内可导，则称 $f(z)$ 在点 z_0 解析. 若函数 $f(z)$ 在区域 D 内的每一点都解析，则称 $f(z)$ 在区域 D 内解析.

设 $\overline{D}$ 为闭区域，若存在区域 G，使 $\overline{D}\subset G$ 且函数 $f(z)$ 在 G 内解析，则称 $f(z)$ 在 $\overline{D}$ 解析.

由于区域的每点都是内点，所以函数在区域内解析与函数在区域内可导是等价的. 然而，函数在某一点处解析与函数在该点处可导不是等价的. 事实上，若函数 $f(z)$ 在点 z_0 解析，则 $f(z)$ 必在点 z_0 可导，但反过来未必成立. 因为 $f(z)$ 在点 z_0 解析，不仅要求 $f(z)$ 在 z_0 可导，而且要求 $f(z)$ 在 z_0 的某一个邻域内可导. 所以，函数在某一点解析比函数在该点可导的要求高得多. 如在例 2.6 中，$f(z)=z\mathrm{Re}\,z$ 仅在点 $z=0$ 处可导，在点 $z=0$ 处不解析，因为 $f(z)$ 在 0 的任何邻域内都不可导，显然 $f(z)=z\mathrm{Re}z$ 没有解析点，是复平面上处处不解析的函数.

在区域 D 内，除了某些例外点外，$f(z)$ 在 D 内各点解析，则称这些例外点为 $f(z)$ 的奇点. 例如，$z=\mathrm{i}, z=-\mathrm{i}$ 都是函数 $\dfrac{1}{1+z^2}$ 的奇点.

【例 2.8】 研究函数 $f(z)=\dfrac{1}{z}$ 的解析性.

解 $f(z)=\dfrac{1}{z}$ 除原点外处处可导,且有 $f'(z)=-\dfrac{1}{z^2}$,故 $f(z)=\dfrac{1}{z}$ 在去掉原点的复平面内解析,$z=0$ 是它的一个奇点.

【例 2.9】 设函数 $f(z)=2\sin x+\mathrm{i}y^2$,解答下列问题:

(1) $f(z)$ 在复平面上的哪些点可导?

(2) 写出 $f(z)$ 在可导点处的导数;

(3) $f(z)$ 在复平面上的哪些点解析?

解 (1) $u=2\sin x, v=y^2$,有

$$\frac{\partial u}{\partial x}=2\cos x,\frac{\partial u}{\partial y}=0,\frac{\partial v}{\partial x}=0,\frac{\partial v}{\partial y}=2y,$$

这四个偏导数处处连续. 又根据 $\dfrac{\partial u}{\partial x}=\dfrac{\partial v}{\partial y},\dfrac{\partial u}{\partial y}=-\dfrac{\partial v}{\partial x}$,得 $2\cos x=2y$,即 $y=\cos x$,故 $f(z)$ 在 $y=\cos x$ 上可导.

(2) $f'(z)=\dfrac{\partial u}{\partial x}+\mathrm{i}\dfrac{\partial v}{\partial x}=2\cos x$.

(3) 根据解析的定义,$f(z)$ 无解析点,从而 $f(z)$ 在复平面上处处不解析.

容易得到下面的定理.

定理 2.3 若函数 $f(z), g(z)$ 皆在区域 D 内解析,则 $f(z)\pm g(z), f(z)\cdot g(z), \dfrac{f(z)}{g(z)}[g(z)\neq 0]$ 也在区域 D 内解析.

定理 2.4 设 $\zeta=f(z)$ 在 z 平面上的区域 D 内解析,$w=F(\zeta)$ 在 ζ 平面上的区域 D_1 内解析,当 $z\in D$ 时,$\zeta=f(z)\in D_1$,则 $w=F[f(z)]$ 在 D 内也解析.

定理 2.3 和定理 2.4 表明:区域内解析函数的和、差、积、商、复合仍是区域内的解析函数. 由定理 2.2 以及函数在区域内解析与可导的等价关系可推出如下定理.

定理 2.5 函数 $f(z)=u(x,y)+\mathrm{i}v(x,y)$ 在区域 D 内解析的充要条件是:$u(x,y)$ 与 $v(x,y)$ 在区域 D 内皆可微且满足 C-R 条件.

显然,对于函数 $f(z)=u(x,y)+\mathrm{i}v(x,y)$,若 $u(x,y)$ 与 $v(x,y)$ 在区域 D 内具有一阶连续偏导数,且满足 C-R 条件,则 $f(z)$ 在区域 D 内解析.

【例 2.10】 设函数 $f(z)=(ax^3-3xy^2-2x)+\mathrm{i}(bx^2y-y^3-2y)$,试确定 a,b 的值,使 $f(z)$ 成为整个复平面上的解析函数.

解 由 $u=ax^3-3xy^2-2x, v=bx^2y-y^3-2y$,可求得

$$\frac{\partial u}{\partial x}=3ax^2-3y^2-2,\frac{\partial u}{\partial y}=-6xy,\frac{\partial v}{\partial x}=2bxy,\frac{\partial v}{\partial y}=bx^2-3y^2-2.$$

显然对任意实数 a,b，这四个偏导数处处连续，又根据$\frac{\partial u}{\partial x}=\frac{\partial v}{\partial y},\frac{\partial u}{\partial y}=-\frac{\partial v}{\partial x}$,得

$$\begin{cases}3ax^2-3y^2-2=bx^2-3y^2-2,\\-6xy=-2bxy,\end{cases}$$

解得

$$\begin{cases}a=1,\\b=3.\end{cases}$$

故当 $a=1,b=3$ 时，u,v 处处满足 C-R 条件，从而当 $a=1,b=3$ 时，$f(z)$是整个复平面上的解析函数.

【例 2.11】　设函数 $f(z)=u(x,y)+\mathrm{i}v(x,y)$在区域$D$内解析，而且满足下列条件之一，则 $f(z)$在D内为常数.

(1) 在 D 内成立 $f'(z)=0$；

(2) $|f(z)|$ 在 D 内恒为常数；

(3) $\overline{f(z)}$ 在 D 内解析.

证明　(1) 对 D 内任意一点 $z=x+\mathrm{i}y$，有 $f'(z)=\frac{\partial u}{\partial x}+\mathrm{i}\frac{\partial v}{\partial x}=\frac{\partial v}{\partial y}-\mathrm{i}\frac{\partial u}{\partial y}=0$，即有

$$\frac{\partial u}{\partial x}=\frac{\partial v}{\partial y}=\frac{\partial v}{\partial x}=\frac{\partial u}{\partial y}=0,$$

故 $u(x,y)=C_1$(常数)，$v(x,y)=C_2$(常数)，从而 $f(z)=C_1+\mathrm{i}C_2$，即 $f(z)$在D内为常数.

(2) 由于$|f(z)|=C$(常数)，于是$\sqrt{u^2+v^2}=C$，即有

$$u^2+v^2=C^2,$$

在此式两边分别对 x 和 y 求偏导，有

$$u\frac{\partial u}{\partial x}+v\frac{\partial v}{\partial x}=0, \tag{2-7}$$

$$u\frac{\partial u}{\partial y}+v\frac{\partial v}{\partial y}=0. \tag{2-8}$$

又 $f(z)$在D内解析，故$\frac{\partial u}{\partial x}=\frac{\partial v}{\partial y},\frac{\partial u}{\partial y}=-\frac{\partial v}{\partial x}$，代入式(2-7)和式(2-8)之中，得

$$u\frac{\partial v}{\partial y}+v\frac{\partial v}{\partial x}=0,\quad -u\frac{\partial v}{\partial x}+v\frac{\partial v}{\partial y}=0,$$

这两个方程组成以$\frac{\partial v}{\partial x},\frac{\partial v}{\partial y}$为未知元的二元齐次线性方程组，即

$$\begin{cases}v\frac{\partial v}{\partial x}+u\frac{\partial v}{\partial y}=0,\\-u\frac{\partial v}{\partial x}+v\frac{\partial v}{\partial y}=0,\end{cases}$$

其系数行列式为 $\begin{vmatrix} v & u \\ -u & v \end{vmatrix} = u^2 + v^2$.

若 $u^2 + v^2 = 0$，得 $u = v = 0$，此时 $f(z) = 0$，即 $f(z)$ 在 D 内为常数 0.

若 $u^2 + v^2 \neq 0$，则该方程组只有零解，即 $\frac{\partial v}{\partial x} = \frac{\partial v}{\partial y} = 0$. 又由 C-R 条件，可得 $\frac{\partial u}{\partial x} = \frac{\partial u}{\partial y} = 0$，故 $u(x,y) = C_1$(常数)，$v(x,y) = C_2$(常数)，于是 $f(z) = C_1 + \mathrm{i}C_2$，即 $f(z)$ 在 D 内为常数.

(3) 因 $f(z) = u + \mathrm{i}v$ 与 $\overline{f(z)} = u - \mathrm{i}v$ 在 D 均解析，故有

$$\frac{\partial u}{\partial x} = \frac{\partial v}{\partial y}, \frac{\partial u}{\partial y} = -\frac{\partial v}{\partial x}; \frac{\partial u}{\partial x} = \frac{\partial (-v)}{\partial y}, \frac{\partial u}{\partial y} = -\frac{\partial (-v)}{\partial x},$$

由此得 $\frac{\partial u}{\partial x} = \frac{\partial v}{\partial y} = \frac{\partial v}{\partial x} = \frac{\partial u}{\partial y} = 0$，从而可知 $u(x,y) = C_1$(常数)，$v(x,y) = C_2$(常数)，于是 $f(z) = C_1 + \mathrm{i}C_2$，$f(z)$ 在 D 内为常数.

由例 2.11 中(3) 的结论知，当 $f(z)$ 在 D 内不为常数时，$f(z)$ 与 $\overline{f(z)}$ 不能同时在 D 内解析.

2.2 初等函数

本节把微积分中的实变初等函数推广到复变函数的情形，研究复变初等函数保持了实变初等函数的哪些性质，又产生了哪些新的性质，并讨论它们的解析性.

2.2.1 指数函数

对于复变数 $z = x + \mathrm{i}y$，定义**指数函数**为

$$w = \mathrm{e}^z = ^{x+\mathrm{i}y} = \mathrm{e}^x(\cos y + \mathrm{i}\sin y). \tag{2-9}$$

在式(2-9) 中，令 $x = 0$，便得欧拉公式

$$\mathrm{e}^{\mathrm{i}y} = \cos y + \mathrm{i}\sin y.$$

指数函数具有如下性质：

(1) 对任何复数 z，$\mathrm{e}^z \neq 0$. 实际上 $|\mathrm{e}^z| = \mathrm{e}^x > 0$.

(2) z 为实数 x 时，$w = \mathrm{e}^z = \mathrm{e}^x$. 实际上令 $y = 0$，得 $\mathrm{e}^z = \mathrm{e}^x$.

(3) $\mathrm{e}^{-z} = \frac{1}{\mathrm{e}^z}$. 其实

$$e^{-z}=e^{-x-iy}=e^{-x}[\cos(-y)+i\sin(-y)]$$
$$=\frac{1}{e^x}(\cos y-i\sin y)=\frac{1}{e^x}\frac{1}{\cos y+i\sin y}=\frac{1}{e^z}.$$

(4) 对任何复数 z_1 和 z_2，有

$$e^{z_1}\cdot e^{z_2}=e^{z_1+z_2}. \tag{2-10}$$

设 $z_1=x_1+iy_1, z_2=x_2+iy_2$，则

$$e^{z_1}\cdot e^{z_2}=e^{x_1+iy_1}\cdot e^{x_2+iy_2}$$
$$=e^{x_1}(\cos y_1+i\sin y_1)\cdot e^{x_2}(\cos y_2+i\sin y_2)$$
$$=e^{x_1+x_2}[\cos(y_1+y_2)+i\sin(y_1+y_2)]$$
$$=e^{z_1+z_2}.$$

(5) 对任何复数 z_1 和 z_2，有

$$\frac{e^{z_1}}{e^{z_2}}=e^{z_1}\cdot e^{-z_2}=e^{z_1-z_2}. \tag{2-11}$$

(6) $w=e^z$ 是周期函数，周期为 $2k\pi i(k=0,\pm1,\pm2,\cdots)$.

事实上，对任何复数 z，$e^{z+\gamma}=e^z$ 的充要条件是：$\gamma=2k\pi i$，其中 k 为任一整数.

(必要性) 若 $e^{z+\gamma}=e^z$，则 $e^\gamma=1$，令 $\gamma=\alpha+i\beta$，有

$$e^\alpha(\cos\beta+i\sin\beta)=1,$$

于是 $e^\alpha=1, \beta=2k\pi$，从而 $\alpha=0$，得 $\gamma=2k\pi i$.

(充分性) 反之，对 $\gamma=2k\pi i$(k 为任一整数) 有

$$e^{z+\gamma}=e^{z+2ki}=e^z e^{2ki}=e^z(\cos 2k\pi+i\sin 2k\pi)=e^z.$$

$w=e^z$ 是周期函数，这个性质是实变指数函数 $y=e^x$ 所没有的.

(7) $w=e^z$ 在整个 z 平面上解析，且有

$$(e^z)'=e^z. \tag{2-12}$$

实际上，对复平面上的任意点 $z=x+iy$，设 $e^z=u+iv$，由 $e^z=e^x(\cos y+i\sin y)$知

$$u=e^x\cos y, v=e^x\sin y,$$

可求得

$$\frac{\partial u}{\partial x}=e^x\cos y, \frac{\partial u}{\partial y}=-e^x\sin y, \frac{\partial v}{\partial x}=e^x\sin y, \frac{\partial v}{\partial y}=e^x\cos y.$$

u,v 的一阶偏导数处处连续，又

$$\frac{\partial u}{\partial x}=\frac{\partial v}{\partial y}=e^x\cos y, \frac{\partial u}{\partial y}=-\frac{\partial v}{\partial x}=-e^x\sin y.$$

故 u,v 处处满足C-R条件，从而在整个 z 平面上 $w=e^z$ 解析，而且对 z 平面任一点 $z=x+iy$，有

$$(e^z)'=\frac{\partial u}{\partial x}+i\frac{\partial v}{\partial x}=e^x(\cos y+i\sin y)=e^z.$$

由于 $w=\mathrm{e}^z$ 有周期 $2k\pi\mathrm{i}$，所以可研究 z 在 $0<\mathrm{Im}\,z<2\pi$ 的带形域 B 中变化时 $w=\mathrm{e}^z$ 的映射性质.

设 $u=\mathrm{Re}\,w, v=\mathrm{Im}\,w$，则当 z 从左向右描出一条直线 $L:\mathrm{Im}\,z=y_0$ 时，有 $w=\mathrm{e}^{x+\mathrm{i}y_0}$，于是 $|w|$ 从 0(不包括 0) 增加到 $+\infty$，而 $\mathrm{Arg}\,w=y_0$ 保持不变. 因此 w 描出射线 $L_1:\mathrm{Arg}\,w=y_0$(不包括 $w=0$). 这样 L 与 L_1 上 的点一一对应. 让 y_0 从 0(不包括 0) 增加到 2π(不包括 2π)，那么直线 L 扫过 B[见图 2-1(a)]，而相应的射线 L_1 按逆时针方向从 w 平面的正实轴(不包括正实轴)变到正实轴(不包括正实轴)[见图 2-1(b)]，由此可见，$w=\mathrm{e}^z$ 把带形域 B 映射到 w 平面上去掉原点和正实轴的区域.

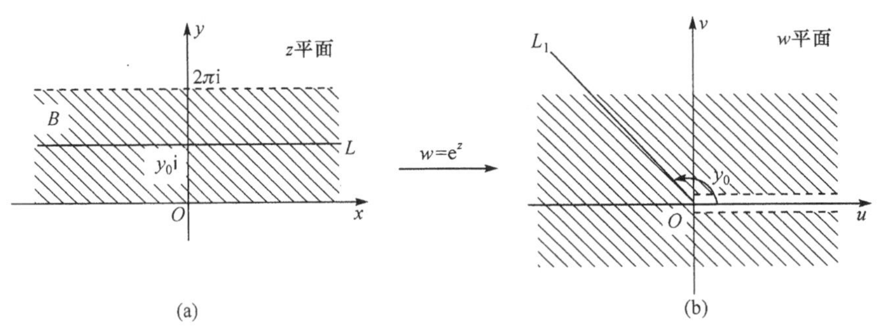

图 2-1

用同样的方法可知，函数 $w=\mathrm{e}^z$ 把带形域 $B_\alpha:\alpha<\mathrm{Im}\,z<\alpha+2\pi$($\alpha$ 是任意实数)映射成 w 平面上去掉原点和射线 $\mathrm{Arg}\,w=\alpha$ 的区域.

2.2.2　对数函数

与实变对数函数一样，复变对数函数也定义为复变指数函数的反函数. 也就是称满足方程 $z=\mathrm{e}^w(z\neq 0)$ 的函数 $w=f(z)$ 为对数函数，记作：$w=\mathrm{Ln}\,z$.

令 $w=u+\mathrm{i}v$，则 $z=\mathrm{e}^{u+\mathrm{i}v}=\mathrm{e}^u\cdot\mathrm{e}^{\mathrm{i}v}=\mathrm{e}^u(\cos v+\mathrm{i}\sin v)$，从而

$$\mathrm{e}^u=|z|, v=\mathrm{Arg}\,z,$$

故 $u=\ln|z|, v=\mathrm{Arg}\,z$，这样有

$$w=\mathrm{Ln}\,z=\ln|z|+\mathrm{i}\mathrm{Arg}\,z=\ln|z|+\mathrm{i}\arg z+2k\pi\mathrm{i}\quad(k=0,\pm1,\pm2,\cdots).\qquad(2\text{-}13)$$

由于 $\mathrm{Arg}\,z$ 可取无穷多个值，所以 $w=\mathrm{Ln}\,z$ 是一个无穷多值函数，其中任意两个相异值之差为 $2\pi\mathrm{i}$ 的整数倍. 在式(2-13) 中，对于每一个固定的 k，便得到一个单值函数，称为 $\mathrm{Ln}\,z$ 的一个分支. 称 $\ln z=\ln|z|+\mathrm{i}\arg z$ 为 $w=\mathrm{Ln}\,z$ 的主值. 这样便有

$$w=\mathrm{Ln}\,z=\ln z+2k\pi\mathrm{i}\quad(k=0,\pm1,\pm2,\cdots).\qquad(2\text{-}14)$$

当 $z=x>0$ 时，$\mathrm{Ln}\,z$ 的主值 $\ln z=\ln x$ 就是实变对数函数.

【例 2.12】 $\mathrm{Ln}(1+\mathrm{i})=\ln|1+\mathrm{i}|+\mathrm{i}\mathrm{Arg}(1+\mathrm{i})=\dfrac{1}{2}\ln 2+\mathrm{i}\left(\dfrac{\pi}{4}+2k\pi\right)(k=0,\pm1,\pm2,\cdots)$.

$\mathrm{Ln}\,2=\ln|2|+\mathrm{i}\mathrm{Arg}\,2=\ln 2+\mathrm{i}\arg 2+2k\pi\mathrm{i}=\ln 2+2k\pi\mathrm{i}\quad(k=0,\pm1,\pm2,\cdots)$.

$\mathrm{Ln}(-2)=\ln|-2|+\mathrm{i}\mathrm{Arg}(-2)=\ln 2+\mathrm{i}\arg(-2)+2k\pi\mathrm{i}=\ln 2+(2k+1)\pi\mathrm{i}\quad(k=0,\pm1,\pm2,\cdots)$.

在实变函数中，负数无对数，这个事实在复数范围内不再成立，而且正实数的对数也是无穷多值的. 显然，如果 z 为正实数 x，那么

$$\mathrm{Ln}\,x=\ln x+2k\pi\mathrm{i}\quad(k=0,\pm1,\pm2,\cdots);$$

如果 z 为负实数 x，那么

$$\mathrm{Ln}x=\ln|x|+(2k+1)\pi\mathrm{i}\quad(k=0,\pm1,\pm2,\cdots).$$

【例 2.13】　解方程：$\mathrm{e}^2+5=0$.

解　$\mathrm{e}^z=-5, z=\mathrm{Ln}(-5)=\ln 5+(2k+1)\pi\mathrm{i}(k=0,\pm1,\pm2,\cdots)$.

设两个复数 z_1, z_2 满足 $z_1\cdot z_2\neq 0$，则有

$$\begin{aligned}\mathrm{Ln}(z_1z_2)&=\ln|z_1z_2|+\mathrm{i}\mathrm{Arg}(z_1z_2)=\ln|z_1|+\ln|z_2|+\mathrm{i}\mathrm{Arg}\,z_1+\mathrm{i}\mathrm{Arg}\,z_2\\&=\mathrm{Ln}\,z_1+\mathrm{Ln}\,z_2,\end{aligned}$$

$$\mathrm{Ln}\left(\frac{z_1}{z_2}\right)=\mathrm{Ln}|z_1|-\mathrm{Ln}|z_2|+\mathrm{i}\mathrm{Arg}\,z_1-\mathrm{i}\mathrm{Arg}\,z_2=\mathrm{Ln}\,z_1-\mathrm{Ln}\,z_2.$$

就 $\mathrm{Ln}\,z$ 的主值 $\ln z=\ln|z|+\mathrm{i}\arg z$ 而言，其中的 $\ln|z|$ 除原点外在其他点都是连续的，而由前文可知，$\arg z$ 除原点和负实轴外在其他点都是连续的，因此主值 $w=\ln z$ 在 z 平面上去掉原点和负实轴的区域内连续. 由于 $w=\ln z$ 与 $z=\mathrm{e}^w$ 在区域 $-\pi<\arg z=\mathrm{Im}\,w<\pi$ 内是互为反函数的单值函数，根据反函数求导法则知

$$\frac{\mathrm{d}\ln z}{\mathrm{d}z}=\frac{1}{\dfrac{\mathrm{d}\mathrm{e}^w}{\mathrm{d}w}}=\frac{1}{\mathrm{e}^w}=\frac{1}{z},$$

所以 $w=\ln z$ 在 z 平面上去掉原点和负实轴的区域内解析，而由式(2-14)知，$w=\mathrm{Ln}\,z$ 的各个分支在 z 平面上去掉原点和负实轴的区域内也解析，且导数为 $(\mathrm{Ln}\,z)'=\dfrac{1}{z}$.

2.2.3　一般幂函数与一般指数函数

在高等数学中，若 a, b 是实数，$a>0$，则乘幂 $a^b=\mathrm{e}^{b\ln a}$，现在我们将此式推广到复数的情形.

若 α,β 是复数，$\alpha\neq 0$，则定义乘幂 α^β 为 $\mathrm{e}^{\beta\mathrm{Ln}\,\alpha}$，即有

$$\alpha^\beta=\mathrm{e}^{\beta\mathrm{Ln}\,\alpha}.$$

【例 2.14】　$1^{\sqrt{2}}=\mathrm{e}^{\sqrt{2}\mathrm{Ln}\,1}=\mathrm{e}^{\sqrt{2}(\ln 1+\arg 1+2k\pi\mathrm{i})}=\mathrm{e}^{2\sqrt{2}k\pi\mathrm{i}}=\cos(2\sqrt{2}k\pi)+\mathrm{i}\sin(2\sqrt{2}k\pi)\quad(k=0,\pm1,\pm2,\cdots)$.

$\mathrm{i}^{\mathrm{i}}=\mathrm{e}^{\mathrm{i}\mathrm{Ln}\mathrm{i}}=\mathrm{e}^{\mathrm{i}(\ln|\mathrm{i}|+\mathrm{i}\arg\mathrm{i}+2k\pi\mathrm{i})}\mathrm{e}^{\mathrm{i}\cdot\mathrm{i}(\frac{\pi}{2}+2k\pi)}=\mathrm{e}^{-(\frac{\pi}{2}+2k\pi)}\quad(k=0,\pm1,\pm2,\cdots)$.

$$3^{i}=e^{i\mathrm{Ln}\,3}=e^{i\ln 3+i(2ki)}=e^{i\ln 3-2k\pi}\quad(k=0,\pm1,\pm2,\cdots).$$

2.2.3.1 一般幂函数

$$w=z^{\alpha}=e^{\alpha\mathrm{Ln}\,z}\quad(z\neq0,\alpha\text{ 为复常数})$$

称为 z 的一般幂函数.

(1) 当 α 为整数时,有

$$w=z^{\alpha}=e^{\alpha(\ln z+2k\pi i)}=e^{\alpha\ln z+2\alpha k\pi i}=e^{\alpha\ln z}\cdot e^{2\alpha k\pi i}=e^{\alpha\ln z}\quad(k=0,\pm1,\pm2,\cdots),$$

这里 $e^{2\alpha k\pi i}=\cos(2\alpha k\pi)+i\sin(2\alpha k\pi)=1$, 从而 $w=z^{\alpha}$ 是单值函数.

(2) 当 α 为有理数$\frac{m}{n}$(既约分数) 时,有

$$\begin{aligned}w=z^{\frac{m}{n}}&=e^{\frac{m}{n}(\ln|z|+i\arg z+2k\pi i)}=e^{\frac{m}{n}\ln|z|+i\frac{m}{n}(\arg z+2k\pi)}\\&=\sqrt[n]{|z|^{m}}\left[\cos\frac{m(\arg z+2k\pi)}{n}+i\sin\frac{m(\arg z+2k\pi)}{n}\right],\end{aligned}\tag{2-15}$$

可以看出这是 n 值函数,当 $k=0,1,2,\cdots,n-1$ 时,得到 n 个不同的值,当 k 取其他值时,得不到新的不同值.

在式(2-15) 中,令 $m=1$, 便有

$$w=z^{\frac{1}{n}}=\sqrt[n]{z}=\sqrt[n]{|z|}\left(\cos\frac{\arg z+2k\pi}{n}+i\sin\frac{\arg z+2k\pi}{n}\right).$$

(3) 当 α 为无理数或其他复数($\mathrm{Im}\,\alpha\neq0$)时,$w=z^{\alpha}$ 是无穷多值函数. 事实上由

$$w=z^{\alpha}=e^{\alpha(\ln z+2k\pi i)}=e^{\alpha\ln z+2\alpha k\pi i}=e^{\alpha\ln z}\cdot e^{2\alpha k\pi i}\quad(k=0,\pm1,\pm2,\cdots),$$

对任意两相异整数k_1,k_2, 必有

$$e^{2\alpha k_1\pi i}\neq e^{2\alpha k_2\pi i}.$$

(反证法) 否则,若 $e^{2\alpha k_1\pi i}=e^{2\alpha k_2\pi i}$, 则有

$$2k_1\alpha\pi i=2k_2\alpha\pi i+2k\pi i\quad(k\text{ 为整数}),$$

从而

$$\alpha=\frac{k}{k_1-k_2}$$

为有理数,与假设 α 为无理数或虚部不为零的复数矛盾,从而此时 $w=z^{\alpha}$ 是无穷多值函数.

由于对数函数 Lnz 的各个分支在 z 平面上去掉原点和负实轴的区域内是解析的,因而不难看出幂函数 $w=z^{\alpha}$ 的各个分支在z 平面上去掉原点和负实轴的区域内也是解析的,且由复合函数的求导法则知

$$(z^{\alpha})'=(e^{\alpha\mathrm{Ln}z})'=e^{\alpha\mathrm{Ln}z}\alpha\frac{1}{z}=z^{\alpha}\alpha\frac{1}{z}=\alpha z^{\alpha-1}.$$

特别地,当 α 为正整数n 时,$w=z^{n}$ 在整个 z 平面上单值解析,且有$(z^{n})'=nz^{n-1}$.

下面考察当 n 为自然数且 $n>1$ 时，$w=z^n$ 的映射性质.

令 $z=r\mathrm{e}^{\mathrm{i}\theta}$，$w=\rho\mathrm{e}^{\mathrm{i}\varphi}$，由 $w=z^n$ 得 $\varphi=n\theta$，$\rho=r^n$，据此知映射 $w=z^n$ 把自原点出发的射线 $\theta=\theta_0$ 映射成自原点出发的射线 $\varphi=n\theta_0$，并把圆周 $r=r_0$ 映射成圆周 $\rho=r_0^n$(见图 2-2).

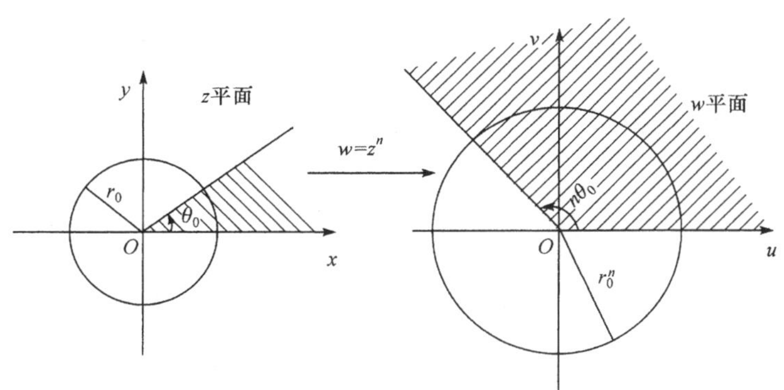

图 2-2

当 z 平面上的射线 $\theta=0$ 扫动到射线 $\theta=\theta_0$ 时，在映射 $w=z^n$ 下，w 平面上的像自射线 $\varphi=0$ 扫动到射线 $\varphi=n\theta_0$，因此 z 平面上的角形域 $0<\theta<\theta_0$ 被映射为 w 平面上的角形域 $0<\varphi<n\theta_0$(见图 2-2). 特别地，映射 $w=z^n$ 把 z 平面上的角形域 $-\frac{\pi}{n}<\theta<\frac{\pi}{n}$ 映射为 w 平面上去掉原点和负实轴的区域(见图 2-3).

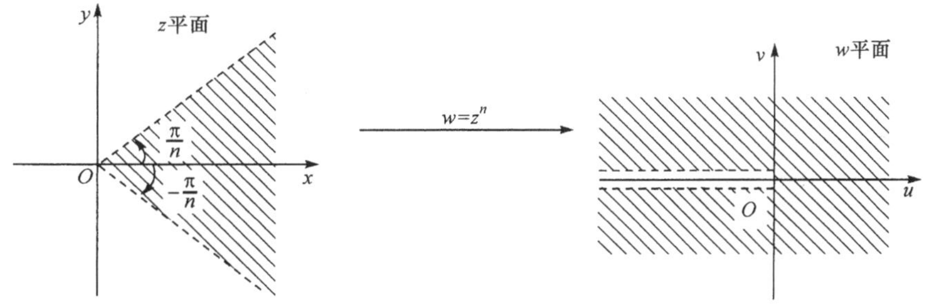

图 2-3

一般地，映射 $w=z^n$ 把 z 平面上每个顶点在原点、张角为 $\frac{2\pi}{n}$ 的角形域

$$T_k: \frac{2k\pi}{n}-\frac{\pi}{n}<\theta<\frac{2k\pi}{n}+\frac{\pi}{n} \quad (k=0,\pm1,\pm2,\cdots) \tag{2-16}$$

都映射成 w 平面上去掉原点和负实轴的区域(图 2-3 是 $k=0$ 的特殊情形).

显然 $w=z^n$ 在式(2-16) 的每个取定 k 的角形域内是单叶的，事实上，任意取定 k 后，对 T_k 内任一点 z_1，满足

$$|z_1|=|z_2|, \arg z_2=\arg z_1+\frac{2k\pi}{n}$$

的 $z_2\notin T_k$，于是当 $z_1,z_2\in T_k$，且 $z_1\neq z_2$ 时，一定有 $w_1=z_1^n\neq w_2=z_2^n$.

事实上,可以证明 $w=z^n$ 在任何顶点在原点、张角不超过$\frac{2\pi}{n}$的角形区域内均是单叶的.

2.2.3.2 一般指数函数

$$w=\alpha^z=e^{z\mathrm{Ln}\alpha}\quad(\alpha\neq 0,\alpha\text{ 为复常数})$$

称为**一般指数函数**. 由于复对数函数 Ln α 是多值的,因此 α^z 也是多值的. 对α^z 的每个单值解析分支,有

$$(\alpha^z)'=(e^{z\mathrm{Ln}\alpha})'=\alpha^z\mathrm{Ln}\,\alpha.$$

由 $w=\alpha^z=e^{z\mathrm{Ln}\alpha}\cdot e^{z2k\pi i}$,得到 α 的 z 次幂与指数函数 e^z 重合的两种情况是:

(1) 当 $\alpha=e$ 且 Lnα 取主值(即 $k=0$) 时,有 $e^{z2k\pi i}=1,e^{z\ln e}=e^z$,此时 $w=\alpha^z$ 是单值解析函数 $w=e^z$.

(2) 当 $\alpha=e$ 且 z 取整数时,有 $e^{z2k\pi i}=1,e^{z\ln e}=e^z$,此时 $w=\alpha^z$ 也是单值解析函数$w=e^z$.

2.2.4 三角函数

三角函数

对任何复数 z,定义正弦函数和余弦函数如下:

$$\sin z=\frac{1}{2i}(e^{iz}-e^{-iz}),\tag{2-17}$$

$$\cos z=\frac{1}{2}(e^{iz}+e^{-iz}).\tag{2-18}$$

正弦函数和余弦函数具有如下性质:

(1) 对任何复数 z,有如下的欧拉公式:

$$e^{iz}=\cos z+i\sin z.\tag{2-19}$$

其实,$\cos z+i\sin z=\frac{1}{2}(e^{iz}+e^{iz})=e^{iz}$.

(2)$\sin z,\cos z$ 都是周期函数,其周期为 2π. 实际上,e^{iz},e^{-iz} 都有周期 2π.

(3)$\sin z$ 是奇函数,$\cos z$ 是偶函数. 由式(2-17) 和式(2-18) 知

$$\sin(-z)=-\sin z,\cos(-z)=\cos z.$$

(4)
$$\cos(z_1+z_2)=\cos z_1\cos z_2-\sin z_1\sin z_2,\tag{2-20}$$

$$\sin(z_1+z_2)=\sin z_1\cos z_2+\cos z_1\sin z_2.\tag{2-21}$$

实际上,有

$$\begin{aligned}&\cos(z_1+z_2)+i\sin(z_1+z_2)\\&=e^{i(z_1+z_2)}=e^{iz_1}\cdot e^{iz_2}=(\cos z_1+i\sin z_1)(\cos z_2+i\sin z_2)\\&=(\cos z_1\cos z_2-\sin z_1\sin z_2)+i(\sin z_1\cos z_2+\cos z_1\sin z_2),\end{aligned}$$

即

$$\cos(z_1+z_2)+\mathrm{i}\sin(z_1+z_2)$$
$$=(\cos z_1\cos z_2-\sin z_1\sin z_2)+\mathrm{i}(\sin z_1\cos z_2+\cos z_1\sin z_2). \tag{2-22}$$

在式(2-22)中以 $-z_1$ 代替 z_1，$-z_2$ 代替 z_2 得到

$$\cos(z_1+z_2)-\mathrm{i}\sin(z_1+z_2)$$
$$=(\cos z_1\cos z_2-\sin z_1\sin z_2)-\mathrm{i}(\sin z_1\cos z_2+\cos z_1\sin z_2). \tag{2-23}$$

式(2-22)和式(2-23)分别相加和相减便得到式(2-20)和式(2-21).

(5) $\cos^2 z+\sin^2 z=1$. 实际上，由式(2-20)知

$$\cos(z-z)=\cos z\cos(-z)-\sin z\sin(-z),$$

即

$$1=\cos 0=\cos^2 z+\sin^2 z.$$

(6) $\sin z=0 \Leftrightarrow z=k\pi, \cos z=0 \Leftrightarrow z=\dfrac{\pi}{2}+k\pi$，其中 k 是任意整数.

下面用两种方法证明正弦函数的情形：

方法一：$\sin z=0 \Leftrightarrow \mathrm{e}^{\mathrm{i}z}=\mathrm{e}^{-\mathrm{i}z} \Leftrightarrow \mathrm{i}z=-\mathrm{i}z+2k\pi\mathrm{i} \Leftrightarrow z=k\pi$.

方法二：$\sin z=0 \Leftrightarrow \mathrm{e}^{\mathrm{i}z}=\mathrm{e}^{-\mathrm{i}z} \Leftrightarrow \mathrm{e}^{2\mathrm{i}z}=1 \Leftrightarrow 2\mathrm{i}z=\mathrm{Ln}1 \Leftrightarrow 2\mathrm{i}z=2k\pi\mathrm{i} \Leftrightarrow z=k\pi$.

对余弦函数可类似地证明.

(7) $\sin z, \cos z$ 都在 z 平面上解析，并且有

$$(\sin z)'=\cos z, \tag{2-24}$$

$$(\cos z)'=-\sin z. \tag{2-25}$$

实际上，有

$$(\sin z)'=\frac{1}{2\mathrm{i}}(\mathrm{e}^{\mathrm{i}z}-\mathrm{e}^{-\mathrm{i}z})'=\frac{1}{2\mathrm{i}}(\mathrm{i}\mathrm{e}^{\mathrm{i}z}+\mathrm{i}\mathrm{e}^{-\mathrm{i}z})=\frac{1}{2}(\mathrm{e}^{\mathrm{i}z}+\mathrm{e}^{-\mathrm{i}z})=\cos z;$$

对余弦函数可类似地证明.

(8) 在复数域内不能断言 $|\sin z|\leqslant 1, |\cos z|\leqslant 1$. 例如，取 $z=\mathrm{i}y(y>0)$，则

$$\cos(\mathrm{i}y)=\frac{\mathrm{e}^{\mathrm{i}(\mathrm{i}y)}+\mathrm{e}^{-\mathrm{i}(\mathrm{i}y)}}{2}=\frac{\mathrm{e}^{-y}+\mathrm{e}^{y}}{2}>\frac{\mathrm{e}^{y}}{2},$$

只要 y 充分大，$\cos(\mathrm{i}y)$ 就可大于任一预先给定的正数.

用 $\sin z$ 和 $\cos z$ 还可以定义其他三角函数：

$$\tan z=\frac{\sin z}{\cos z}, \cot z=\frac{\cos z}{\sin z},$$

$$\sec z=\frac{1}{\cos z}, \csc z=\frac{1}{\sin z},$$

分别称为正切函数、余切函数、正割函数及余割函数. 这四个函数都在 z 平面上使分母不为零的点处解析，且

$$(\tan z)' = \sec^2 z, \quad (\cot z)' = -\csc^2 z,$$

$$(\sec z)' = \sec z \cdot \tan z, \quad (\csc z)' = -\csc z \cdot \cot z.$$

正切函数和余切函数的周期为 π，正割函数和余割函数的周期为 2π.

与 $\sin z$ 和 $\cos z$ 密切相关的是双曲函数，称

$$\sinh z = \frac{1}{2}(e^z - e^{-z}), \cosh z = \frac{1}{2}(e^z + e^{-z}), \tanh z = \frac{e^z - e^{-z}}{e^z + e^{-z}} \tag{2-26}$$

分别为双曲正弦函数、双曲余弦函数和双曲正切函数. 当 z 为实数 x 时，它们与高等数学中双曲函数的定义完全一致. 显然有

$$\sinh z = -\mathrm{i}\sin(\mathrm{i}z), \cosh z = \cos(\mathrm{i}z), \tanh z = \frac{\sinh z}{\cosh z}. \tag{2-27}$$

$\sinh z$，$\cosh z$ 和 $\tanh z$ 都是以 $2\pi\mathrm{i}$ 为周期的周期函数，$\sinh z$ 和 $\tanh z$ 是奇函数，$\cosh z$ 是偶函数，且 $\sinh z$ 和 $\cosh z$ 都在 z 平面上解析，导数分别为

$$(\sinh z)' = \cosh z, \quad (\cosh z)' = \sinh z.$$

设 $z = x + \mathrm{i}y$，可以证明：

$$\cosh \mathrm{i}y = \cos y, \sinh \mathrm{i}y = \mathrm{i}\sin y,$$

$$\sinh(x + \mathrm{i}y) = \sinh x \cos y + \mathrm{i}\cosh x \sin y,$$

$$\cosh(x + \mathrm{i}y) = \cosh x \cos y + \mathrm{i}\sinh x \sin y.$$

2.2.5 反三角函数

前面看到，在复变函数中，指数函数是对数函数、三角函数、一般幂函数和一般指数函数的共同基础. 下面可以看到，反三角函数是可以用对数函数表示的，也是以指数函数为基础的.

若 $z = \sin w$，则称 w 为 z 的**反正弦函数**，记作：$w = \mathrm{Arcsin}\, z$. 由

$$z = \sin w = \frac{1}{2\mathrm{i}}(e^{\mathrm{i}w} - e^{-\mathrm{i}w})$$

知

$$e^{\mathrm{i}w} - 2\mathrm{i}z - e^{-\mathrm{i}w} = 0,$$

即

$$(e^{\mathrm{i}w})^2 - 2\mathrm{i}ze^{\mathrm{i}w} - 1 = 0,$$

解出 $e^{\mathrm{i}w}$，得

$$e^{\mathrm{i}w} = \mathrm{i}z \pm \sqrt{1 - z^2}.$$

因 $\sqrt{1 - z^2}$ 是复数平方根函数，具有两个分支，故 $\pm$ 号可只取 $+$ 号，于是

$$w = \mathrm{Arcsin}\, z = -\mathrm{i}\mathrm{Ln}(\mathrm{i}z + \sqrt{1 - z^2}). \tag{2-28}$$

类似地,定义 $z=\cos w$ 和 $z=\tan w$ 的反函数为 $w=\mathrm{Arccos}\, z$ 和 $w=\mathrm{Arctan}\, z$,分别称 w 为 z 的**反余弦函数**和**反正切函数**,可以推出

$$w=\mathrm{Arccos}\, z=-\mathrm{i}\mathrm{Ln}(z+\sqrt{z^2-1}), \tag{2-29}$$

$$w=\mathrm{Arctan}\, z=-\frac{\mathrm{i}}{2}\mathrm{Ln}\frac{1+\mathrm{i}z}{1-\mathrm{i}z}. \tag{2-30}$$

式(2-28)~式(2-30)定义的反三角函数均是多值函数,它们的每个分支在适当割破 z 平面的区域内解析.

例如,设 D^* 是从 z 平面去掉射线:$y=0,x>1$ 及 $y=0,x\leqslant -1$ 而得到的区域,那么 $w=\mathrm{Arcsin}\, z$ 的每个分支在 D^* 内解析,有 $\frac{\mathrm{d}w}{\mathrm{d}z}=\frac{1}{\sqrt{1-z^2}}$.

又如,设 D 是从 z 平面去掉线段:$x=0,|y|\leqslant 1$ 后得到的区域,那么 $w=\mathrm{Arctan}\, z$ 的每个分支在 D 内解析,有 $\frac{\mathrm{d}w}{\mathrm{d}z}=\frac{1}{1+z^2}$.

【例 2.15】 求函数 $\frac{1}{\cos z+5}$ 的奇点.

解 设 $\cos z+5=0$,解得全部奇点为

$$\begin{aligned} z&=\mathrm{Arccos}(-5)=-\mathrm{i}\mathrm{Ln}(-5\pm\sqrt{(-5)^2-1}) \\ &=-\mathrm{i}\ln\left|-5\pm 2\sqrt{6}\right|+(2k+1)\pi \quad (k=0,\pm 1,\pm 2,\cdots). \end{aligned}$$

习题 2

1. 指出下列函数解析的区域,并求出其导数.

(1) $(z-1)^4$; (2) $z^2+3\mathrm{i}z$; (3) $\frac{1}{z^2-1}$; (4) $\frac{az+b}{cz+d}$ (c,d 不全为 0).

2. 判断下列函数的可导性及解析性:

(1) $f(z)=xy^2+\mathrm{i}x^2y$; (2) $f(z)=x^2+\mathrm{i}y^2$;

(3) $f(z)=2x^3+\mathrm{i}3y^3$; (4) $f(z)=x^3-3xy^2+\mathrm{i}(3x^2y-y^3)$.

3. 试证下列函数在 z 平面上任何点都不解析:

(1) $|z|$; (2) $\mathrm{Re}\, z$; (3) $\frac{1}{z}$.

4. 求下列函数的奇点：

(1) $\dfrac{z-2}{z(z^2+1)}$；　　(2) $\dfrac{e^z \sin z}{(z+4)^3(z^2+1)}$.

5. 若函数 $f(z)=u(x,y)+iv(x,y)$ 在区域 D 内解析，且满足下列条件之一，试证：$f(z)$ 在 D 内必恒为常数.

(1) $u(x,y)$ 在 D 内恒为常数；

(2) $v(x,y)$ 在 D 内恒为常数；

(3) $\arg f(z)$ 在 D 内恒为常数；

(4) $au+bv$ 在 D 内恒为常数 c，其中 a,b,c 是不全为 0 的常数.

6. 若 $f(z)$ 在区域 D 内解析，试证：$\overline{i\overline{f(z)}}$ 在 D 内解析.

7. 设 $f(z)=u+iv$ 是 z 的解析函数，证明：

$$\left(\frac{\partial}{\partial x}|f(z)|\right)^2+\left(\frac{\partial}{\partial y}|f(z)|\right)^2=|f'(z)|^2.$$

8. 求下列方程的全部解：

(1) $\sin z=0$；　　(2) $\cos z=0$；

(3) $1+e^z=0$；　　(4) $\ln z=\dfrac{\pi i}{2}$；

(5) $\cos z+\sin z=0$.

9. 试证：

(1) $\overline{e^z}=e^{\bar z}$；　(2) $\overline{\sin z}=\sin\bar z$；　(3) $e^{\bar z}$ 在任一点 z 处都不可导.

10. 求 $(1+i)^i$ 及 2^i 的值.

11. 证明：C-R 条件的极坐标形式是

$$\frac{\partial u}{\partial r}=\frac{1}{r}\frac{\partial u}{\partial \theta},\frac{\partial u}{\partial \theta}=-r\frac{\partial v}{\partial r}.$$

12. 指出下边在推理上的错误：

因 $(-z)^2=z^2$，故 $\mathrm{Ln}(-z)^2=\mathrm{Ln}\,z^2$，于是

$$\mathrm{Ln}(-z)+\mathrm{Ln}(-z)=\mathrm{Ln}\,z+\mathrm{Ln}\,z,$$

从而 $2\mathrm{Ln}\,z=2\mathrm{Ln}(-z)$，所以 $\mathrm{Ln}\,z=\mathrm{Ln}(-z)$.

第 3 章 复变函数的积分

复变函数积分理论是研究复变函数性质的重要方法和解决实际问题的有力工具. 关于复变函数的许多结论都是通过积分来讨论的，本章我们要讨论解析函数积分的性质,并给出解析函数积分的基本定理和基本公式,这些性质是解析函数理论的基础.

3.1 复变函数积分的概念

3.1.1 复积分的定义

在讨论复变函数积分时，需要用到有向曲线的概念，如果一条光滑或逐段光滑曲线规定了其起点和终点，则称该曲线为**有向曲线**. 一般地，我们规定简单闭曲线，逆时针方向为正方向，顺时针方向为负方向；特别地，若 C 为复平面上某一个复数域的边界曲线，则这样规定 C 的正向：当人沿曲线 C 行走时，区域总保持在人的左侧，因此外部边界取逆时针方向为正方向，而内部曲线取顺时针方向为正方向.

同高等数学一样，也采用"分割""作和""取极限"的步骤来定义积分.

定义 3.1 设 C 为一条起点在 a、终点在 b 的有向光滑曲线(或逐段光滑曲线)，其方程为

$$z=z(t)=x(t)+\mathrm{i}y(t)\quad [\alpha\leqslant t\leqslant\beta, a=z(\alpha), b=z(\beta)].$$

函数 $f(z)$ 定义在 C 上用一组点 $z_0=a, z_1, z_2, \cdots, z_{n-1}, z_n=b$ 沿曲线从 a 到 b 分割 C (见图 3-1).

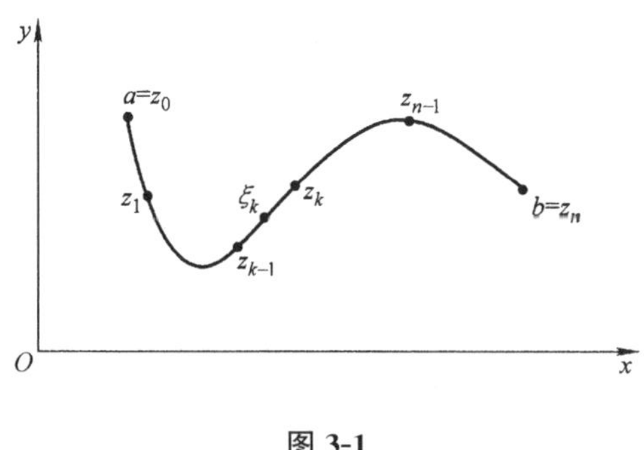

图 3-1

设 $\Delta z_k=z_k-z_{k-1}$，ξ_k 为弧$\widehat{z_{k-1}z_k}$ 上任意一点，作和$S_n=\sum\limits_{k=1}^{n}f(\xi_k)\Delta z_k$.

当分点无限增加，并且分割 C 所得诸弧段长度中的最大值$\lambda\to 0$ 时，若不论对 C 的分法及ξ_k 的取法如何，S_n 总是存在极限 S，则称 $f(z)$沿C(从 a 到b)可积，称 S 为 $f(z)$沿C(从 a 到b)的积分，记作

$$S=\int_C f(z)\mathrm{d}z,$$

即
$$\int_C f(z)\mathrm{d}z = \lim_{\lambda \to 0} \sum_{k=1}^{n} f(\xi_k)\Delta z_k,$$
其中 $f(z)$ 称为**被积函数**,C 称为**积分路径**.

当 C 为封闭曲线时,那么沿 C 的积分记为 $\oint_C f(z)\mathrm{d}z$. 为了方便起见,以后我们称复变函数的积分为**复积分**.

可以看出,当 C 为 x 轴上的区间 $[a,b]$,而 $f(z)=u(x)$ 时,复积分即为一元实变函数的定积分 $\int_a^b u(x)\mathrm{d}x$.

有了复积分的定义后,最先关心的问题是:复积分存在的条件、复积分的性质与计算. 下面就来讨论这几个问题.

3.1.2　复积分存在的一个条件

下面我们推导复变函数 $f(z)=u(x,y)+\mathrm{i}v(x,y)$ 的积分与其实部 $u(x,y)$ 及其虚部 $v(x,y)$ 这两个二元实变函数曲线积分之间的关系.

定理 3.1　若函数 $f(z)=u(x,y)+\mathrm{i}v(x,y)$ 在光滑曲线 C 上连续,则 $f(z)$ 沿曲线 C 的积分存在,且
$$\int_C f(z)\mathrm{d}z = \int_C u\mathrm{d}x - v\mathrm{d}y + \mathrm{i}\int_C v\mathrm{d}x + u\mathrm{d}y. \tag{3-1}$$

由定理 3.1 可得:其一,它给出了复变函数积分存在的一个充分条件;其二,它提供了计算复变函数积分的一种方法;其三,式(3-1)表明,研究复变函数的积分问题,可以转化为研究实变量的二元实值函数沿曲线 C 的线积分问题. 为了便于记忆上面的公式,可把 $f(z)\mathrm{d}z$ 理解为 $(u+\mathrm{i}v)(\mathrm{d}x+\mathrm{i}\mathrm{d}y)$,则 $f(z)\mathrm{d}z = u\mathrm{d}x - v\mathrm{d}y + \mathrm{i}(v\mathrm{d}x + u\mathrm{d}y)$.

3.1.3　复积分的性质与计算

由式(3-1)容易想到,实变函数积分的一些性质可推广到复变函数的积分上来,从而可获得复积分的下列性质:

(1) $\int_C kf(z)\mathrm{d}z = k\int_C f(z)\mathrm{d}z$　(k 为复常数);

(2) $\int_C [f_1(z)\pm f_2(z)]\mathrm{d}z = \int_C f_1(z)\mathrm{d}z \pm \int_C f_2(z)\mathrm{d}z$;

(3) $\int_{C^-} kf(z)\mathrm{d}z = -\int_C f(z)\mathrm{d}z$　(C^- 为 C 的负向曲线);

(4) $\int_C f(z)\mathrm{d}z = \int_{C_1} f(z)\mathrm{d}z + \int_{C_2} f(z)\mathrm{d}z$ （C_1,C_2 首尾相连）；

(5) $\left|\int_C f(z)\mathrm{d}z\right| \leqslant \int_C |f(z)||\mathrm{d}z| \leqslant \int_C |f(z)|\mathrm{d}L$ （$\mathrm{d}L$ 表示弧长的微分，即 $\mathrm{d}L = \sqrt{(\mathrm{d}x)^2+(\mathrm{d}y)^2}$）；

(6) 若沿曲线 C 复变函数 $f(z)$ 连续，且 $f(z)$ 在 C 上满足 $|f(z)| \leqslant M(M>0)$，则

$$\left|\int_C f(z)\mathrm{d}z\right| \leqslant ML \quad (L\text{ 为曲线 }C\text{ 的长度}). \tag{3-2}$$

［注意］ 高等数学中的积分中值定理，在复积分中不成立，例如 $\int_0^{2\pi} \mathrm{e}^{i\theta}\mathrm{d}\theta = 0$，但任意给定的 θ，显然 $\mathrm{e}^{i\theta}(2\pi - 0) \neq 0$.

接下来，考虑如何计算复积分.

由于积分路径常取光滑曲线（或逐段光滑曲线），所以 $f(z)$ 沿曲线 C 的积分可归结为 $f[z(t)]$ 关于曲线 C 的参数的积分.

事实上，若 C 为光滑曲线（或逐段光滑曲线），其参数方程为

$$z = z(t) = x(t) + \mathrm{i}y(t) \quad (\alpha \leqslant t \leqslant \beta),$$

设 α 与 β 分别对应着积分路径 C 的起点和终点，于是

$$\int_C f(z)\mathrm{d}z = \int_\alpha^\beta f[z(t)]z'(t)\mathrm{d}t. \tag{3-3}$$

这样一来，便将 $f(z)$ 沿曲线 C 的积分归结为 $f(z)$ 关于曲线 C 的参数 t 的定积分. 用式(3-3)计算复积分 $\int_C f(z)\mathrm{d}z$ 通常需要三个步骤：

(1) 写出曲线 C 的参数方程 $z = z(t) = x(t) + \mathrm{i}y(t) \quad (\alpha \leqslant t \leqslant \beta)$；

(2) 将 $z = z(t)$ 与 $\mathrm{d}z = z'(t)\mathrm{d}t$ 代入被积表达式 $\int_C f(z)\mathrm{d}z$ 中，化为关于参数 t 的定积分；

(3) 注意式(3-3) 右端的定积分的下限、上限分别对应于 C 的起点和终点.

【例 3.1】 计算 $\int_C z\mathrm{d}z$，其中 C 为 0 到 $1+2\mathrm{i}$ 的直线段.

解　C 的方程为

$$z = (1+2\mathrm{i})t \quad (0 \leqslant t \leqslant 1),$$

将 $z = (1+2\mathrm{i})t$，$\mathrm{d}z = (1+2\mathrm{i})\mathrm{d}t$ 代入所求积分，得

$$\int_C z\mathrm{d}z = \int_0^1 t(1+2\mathrm{i})^2\mathrm{d}t = \frac{1}{2}(1+2\mathrm{i})^2.$$

根据复积分与曲线积分的关系：

$$\int_C z\mathrm{d}z = \int_C (x+\mathrm{i}y)(\mathrm{d}x+\mathrm{i}\mathrm{d}y) = \int_C x\mathrm{d}x - y\mathrm{d}y + \mathrm{i}\int_C y\mathrm{d}x + x\mathrm{d}y,$$

根据曲线积分与路径无关的条件，容易得到，上式右边的两个曲线积分都与路径 C 无关，所

以求$\int_C z\mathrm{d}z$的值,只要起点、终点相同,不管路径C是什么样的曲线,积分结果都是相同的,这说明有些复积分的积分值可能与路径无关.

【例 3.2】 试计算$\int_C \mathrm{Re}z\mathrm{d}z$:

(1)C为0到$1+\mathrm{i}$的直线段;

(2)C是由0到1,再由1到$1+\mathrm{i}$的折线段(见图 3-2).

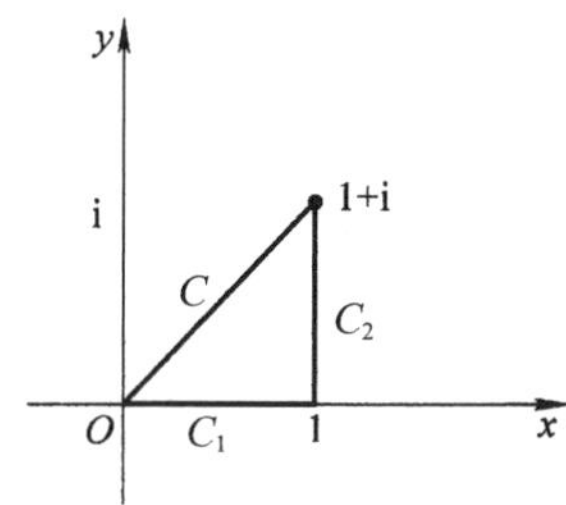

图 3-2

解　(1)C的方程为

$$z=(1+\mathrm{i})t\quad(0\leqslant t\leqslant 1),$$

将$\mathrm{d}z=(1+\mathrm{i})\mathrm{d}t$,$\mathrm{Re}\,z=t$代入所求积分,得

$$\int_C \mathrm{Re}\,z\mathrm{d}z=\int_0^1 t(1+\mathrm{i})\mathrm{d}t=\frac{1}{2}(1+\mathrm{i}).$$

(2)C分成了两段:C_1:$z=t(0\leqslant t\leqslant 1)$;$C_2$:$z=1+\mathrm{i}t(0\leqslant t\leqslant 1)$,则

$$\begin{aligned}\int_C \mathrm{Re}\,z\mathrm{d}z&=\int_{C_1}\mathrm{Re}\,z\mathrm{d}z+\int_{C_2}\mathrm{Re}\,z\mathrm{d}z\\&=\int_0^1 t\mathrm{d}t+\int_0^1 1\cdot\mathrm{i}\mathrm{d}t=\frac{1}{2}+\mathrm{i}.\end{aligned}$$

由计算结果可以看出,本题中C的起点和终点虽然相同,但路径不同,积分的值不同.

【例 3.3】 试证:

$$\oint_C \frac{1}{(z-z_0)^n}\mathrm{d}z=\begin{cases}2\pi\mathrm{i}, & n=1,\\0, & n\neq 1,\end{cases}$$

其中,C为以z_0为圆心、以r为半径的圆周,n为整数.

证明　这里的C是一条围线,对于沿围线的积分,若无特殊声明,则今后总理解为沿围线的正向积分.

用计算积分的方法来证明本题.C的方程为

$$z=z_0+r\mathrm{e}^{\mathrm{i}\theta}(0\leqslant\theta\leqslant 2\pi),$$

$$\mathrm{d}z=\mathrm{i}r\mathrm{e}^{\mathrm{i}\theta}\mathrm{d}\theta.$$

当$n=1$时,被积函数为$\dfrac{1}{z-z_0}=\dfrac{1}{r\mathrm{e}^{\mathrm{i}\theta}}$,于是

$$\oint_C \frac{1}{(z-z_0)^n}\mathrm{d}z = \oint_C \frac{1}{z-z_0}\mathrm{d}z = \int_0^{2\pi} \frac{1}{re^{i\theta}} ire^{i\theta}\mathrm{d}\theta = 2\pi i.$$

当 $n \neq 1$ 且为整数时，被积函数为 $\frac{1}{(z-z_0)^n} = \frac{1}{r^n e^{in\theta}}$，得

$$\oint_C \frac{1}{(z-z_0)^n}\mathrm{d}z = \int_0^{2\pi} \frac{1}{r^n e^{in\theta}} ire^{i\theta}\mathrm{d}\theta = \frac{i}{r^{n-1}}\int_0^{2\pi} e^{i(1-n)\theta}\mathrm{d}\theta$$

$$= \frac{i}{r^{n-1}}\int_0^{2\pi} [\cos(1-n)\theta + i\sin(1-n)\theta]\mathrm{d}\theta = 0.$$

综上所述，问题得证.

这个积分结果以后会常用到，我们把它称为**重要积分**，它的特点是与积分路线的中心及半径无关.

【例 3.4】 计算 $\int_C \bar{z}\mathrm{d}z$，其中：

(1)C 为单位圆周 $|z|=1$ 的上半部分从 1 到 -1 的弧；

(2)C 为单位圆周 $|z|=1$ 的下半部分从 1 到 -1 的弧.

解 (1)C 的方程为

$$z = e^{i\theta}(0 \leqslant \theta \leqslant \pi),$$

$$\mathrm{d}z = ie^{i\theta}\mathrm{d}\theta,$$

于是 $\int_C \bar{z}\mathrm{d}z = \int_0^{\pi} e^{-i\theta}\cdot ie^{i\theta}\mathrm{d}\theta = \int_0^{\pi} i\mathrm{d}\theta = \pi i.$

(2)C 的方程为

$$z = e^{i\theta}(-\pi \leqslant \theta \leqslant 0),$$

$$\mathrm{d}z = ie^{i\theta}\mathrm{d}\theta,$$

于是 $\int_C \bar{z}\mathrm{d}z = \int_0^{\pi} e^{-i\theta}\cdot ie^{i\theta}\mathrm{d}\theta = \int_0^{\pi} i\mathrm{d}\theta = \pi i.$

3.2 柯西积分定理

通过上节的例题可以发现，有的函数的积分只依赖于积分路径的起点与终点，而与积分路径无关；而有的函数，其积分不仅与积分路径的起点与终点有关，而且与积分路径也有关. 深入观察后可知，前一类函数是解析函数. 由此，可提出猜想：解析函数的积分只依赖于积分路径的起点与终点，而与积分路径无关. 柯西在 1825 年给出定理对猜想做了回答.

3.2.1　单连通区域的柯西定理 —— 柯西 - 古萨基本定理

定理3.2　设G为复平面上的单连通区域，C为G内的任意一条围线(见图3-3)，若$f(z)$在G内解析，则$\oint_C f(z)\mathrm{d}z=0$.

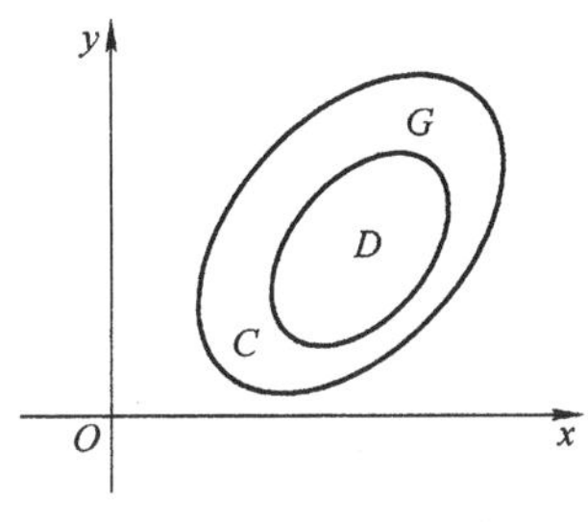

图 3-3

证明　利用黎曼(1851年在添加条件下给出)的证明方法，即在添加条件“$f'(z)$在G内连续”下证明.

设$z=x+\mathrm{i}y$，$f(z)=u(x,y)+\mathrm{i}v(x,y)$，由式(3-1)有

$$\oint_C f(z)\mathrm{d}z=\oint_C u\mathrm{d}x-v\,\mathrm{d}y+\mathrm{i}\oint_C v\mathrm{d}x+u\mathrm{d}y.$$

由于$f'(z)=u_x+\mathrm{i}v_x=v_y-\mathrm{i}u_y$在$G$内连续，所以$u_x,u_y,v_x,v_y$在$G$内连续，从而，这四个偏导数在由围线$C$及其内部构成的闭区域$D$上连续. 又因$C$为光滑或逐段光滑的闭曲线，且$u$与$v$在$D$内连续是显然的. 于是，由高等数学中的格林公式得

$$\oint_C u\mathrm{d}x-v\mathrm{d}y=\iint_D(-v_x-u_y)\mathrm{d}x\mathrm{d}y,$$

$$\oint_C v\mathrm{d}x+u\mathrm{d}y=\iint_D(u_x-v_y)\mathrm{d}x\mathrm{d}y,$$

而由$f(z)$在G内解析可知，u与v满足C-R条件

$$u_x=v_y,u_y=-v_x,$$

由此得

$$\iint_D(-v_x-u_y)\mathrm{d}x\mathrm{d}y=\iint_D(u_x-v_y)\mathrm{d}x\mathrm{d}y=0,$$

从而得

$$\oint_C f(z)\mathrm{d}z=0.$$

1900年古萨(Goursat)在免去$f'(z)$在G内连续这一假设条件下，给出新的证明，证明过程比较复杂，这里就不详细证明了. 定理3.2称为**积分基本定理**，又常称作**柯西 - 古萨基本定理(或柯西积分定理)**.

定理 3.2 揭示了解析函数的一个深刻性质，即解析函数沿其解析区域内的任意一条围线的积分为零，亦即解析函数的积分只依赖于积分路径的起点与终点，而与积分路径无关. 另外，定理 3.2 提供了一种计算解析函数沿围线积分的方法.

定理 3.3 设函数 $f(z)$ 在复平面上的单连通区域 D 内处处解析，则积分 $f(z)$ 在 D 内积分与路径无关，仅与起点、终点有关，即对 D 内任意两点 z_0，z_1，积分 $\int_{z_0}^{z_1} f(z)\mathrm{d}z$ 的值不依赖于 D 内连接起点 z_0 与终点 z_1 的曲线.

这个定理显然成立.

3.2.2 复积分的牛顿 - 莱布尼茨公式

由定理 3.3 可知，解析函数 $f(z)$ 在单连通区域内的积分只与起点 z_0 和终点 z_1 有关，即

$$\int_{C_1} f(z)\mathrm{d}z = \int_{C_2} f(z)\mathrm{d}z = \int_{z_0}^{z_1} f(z)\mathrm{d}z,$$

z_0，z_1 分别是积分的下限和上限，当下限 z_0 固定，上限 $z_1 = z$ 在 D 内变动时，积分 $\int_{z_0}^{z} f(\xi)\mathrm{d}\xi$ 即为上限的函数，记作：$F(z) = \int_{z_0}^{z} f(\xi)\mathrm{d}\xi$.

与高等数学一样，我们有相似的定理.

定理 3.4 若函数 $f(z) = u + \mathrm{i}v$ 在单连通区域 D 内处处解析，则 $F(z) = \int_{z_0}^{z} f(\xi)\mathrm{d}\xi$ 在 D 内也解析，且 $F'(z) = f(z)$.

定义 3.2 如果函数 $\varphi(z)$ 的导数等于 $f(z)$，即有 $\varphi'(z) = f(z)$，则称 $\varphi(z)$ 为 $f(z)$ 的一个原函数.

由此，$F(z) = \int_{z_0}^{z} f(\xi)\mathrm{d}\xi$ 是 $f(z)$ 的一个原函数. 我们知道，$f(z)$ 的任何两个原函数相差一个常数. 利用原函数的这个关系，我们得到复积分的牛顿 - 莱布尼茨公式.

定理 3.5 若函数 $f(z)$ 在单连通区域 D 内处处解析，$F(z)$ 为 $f(z)$ 的一个原函数，那么

$$\int_{z_0}^{z_1} f(z)\mathrm{d}z = F(z)\Big|_{z_0}^{z_1} = F(z_1) - F(z_0), \tag{3-4}$$

其中，z_0，z_1 是 D 内任意两点.

【例 3.5】 计算 $\int_{-2}^{-2+\mathrm{i}} (z+2)^2\mathrm{d}z$.

解 $(z+2)^2$ 在复平面上处处解析，运用公式(3-4)，有

$$\int_{-2}^{-2+\mathrm{i}} (z+2)^2\mathrm{d}z = \frac{1}{3}(z+2)^3\Big|_{-2}^{-2+\mathrm{i}} = -\frac{\mathrm{i}}{3}.$$

【例 3.6】　计算$\int_0^{\mathrm{i}} z\sin z\mathrm{d}z$.

解　$z\sin z$ 在复平面上处处解析,因而积分与路径无关,用分部积分法得

$$\begin{aligned}\int_0^{\mathrm{i}} z\sin z\mathrm{d}z &= -z\cos z\Big|_0^{\mathrm{i}} + \int_0^{\mathrm{i}} \cos z\mathrm{d}z \\ &= -\mathrm{i}\cos\mathrm{i} + \sin\mathrm{i} \\ &= -\mathrm{i}(\cos\mathrm{i} + \mathrm{i}\sin\mathrm{i}) \\ &= -\mathrm{i}e^{-1}.\end{aligned}$$

3.2.3　复连通区域的柯西定理 —— 复合闭路定理

下面我们将介绍柯西积分定理的推广.

定理 3.6(泼拉德定理)　设围线 C 是单连通区域 D 的边界,若 $f(z)$ 在 D 内解析,且在 $\overline{D}$ 上连续,则

$$\oint_C f(z)\mathrm{d}z = 0.$$

该定理与柯西积分定理是等价的.

在柯西积分定理中,我们所考虑的区域 D 是单连通的,$f(z)$ 在 D 内解析,如果这两个条件有一个不满足,一般来说定理的结论就不再成立. 如果 $f(z)$ 在 D 内有奇点,我们考虑将这些奇点挖去,于是区域就含有"洞",这样单连通区域就变成多连通区域,于是得到在多连通区域上的解析函数的积分定理.

定理 3.7(复合闭路定理)　设有围线 $C_0, C_1, C_2, \cdots, C_n$, 其中 $C_1, C_2, \cdots, C_n$ 均在 C_0 的内部,且 $C_1, C_2, \cdots, C_n$ 中的每一条均在其余各条的外部;又设 G 为由 C_0 的内部与 $C_1, C_2, \cdots, C_n$ 的外部相交的部分组成的复连通区域(见图 3-4),若 $f(z)$ 在 G 内解析,且在闭区域 $\overline{G}$ 上连续,则

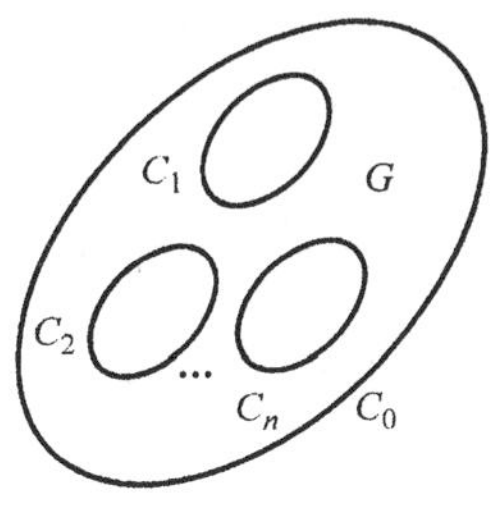

图 3-4

(1) $\oint_C f(z)\mathrm{d}z = \sum_{k=1}^{n}\oint_{C_k} f(z)\mathrm{d}z$, 其中 $C_0, C_1, C_2, \cdots, C_n$ 都取正向;　(3-5)

(2) $\oint_T f(z)\mathrm{d}z = 0$, 其中 $T = C_0 + C_1^- + C_2^- + \cdots + C_n^-$($C_0$ 取正向,$C_1, C_2, \cdots, C_n$ 都取负向).　(3-6)

证明 不失一般性,下面仅就 G 只由两条围线围成的情形证明(见图 3-5).

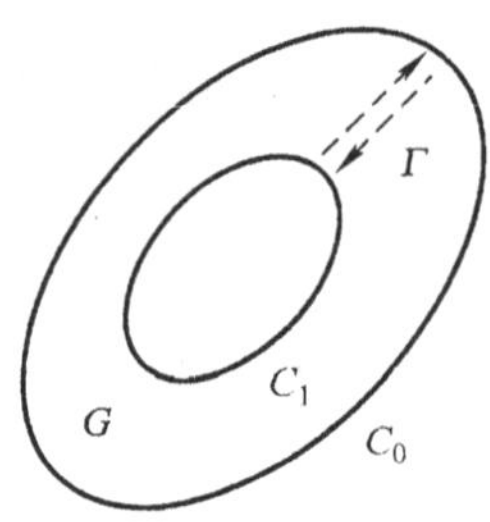

图 3-5

此时,即证

$$\oint_{C_0} f(z)\mathrm{d}z = \oint_{C_1} f(z)\mathrm{d}z \quad 或 \quad \oint_T f(z)\mathrm{d}z = 0, T = C_0 + C_1^-.$$

为此,在 C_0 与 C_1 之间引一条辅助线段(除端点外全在 G 内),用 Γ 连接 C_0 与 C_1. 此时可视为“Γ 将 G 割破”而形成一单连通区域(见图 3-5),对该区域,$f(z)$ 满足定理 3.3 的条件,于是,有

$$\oint_{C_0} f(z)\mathrm{d}z + \oint_{\Gamma} f(z)\mathrm{d}z + \oint_{C_1^-} f(z)\mathrm{d}z + \oint_{\Gamma^-} f(z)\mathrm{d}z = 0,$$

即
$$\oint_{C_0} f(z)\mathrm{d}z = \oint_{C_1} f(z)\mathrm{d}z \text{ 或 } \oint_T f(z)\mathrm{d}z = 0, T = C_0 + C_1^-.$$

对于定理 3.7,从定理的证明过程中可知,在区域内的一个解析函数沿闭曲线的积分,不因闭曲线在区域内做连续变形而改变它的值,只要在变形过程中曲线不经过函数的奇点即可. 这一重要的事实,称为**闭路变形原理**.

从这个定理容易看到两点意义:一是它揭示了解析函数的一个性质 —— 在一定条件下,解析函数沿复连通区域边界的积分等于零;二是它提供了一种计算函数沿围线积分的方法,即沿外边界的积分等于它沿内边界的积分之和.

【例 3.7】 试证:

$$\oint_C \frac{1}{(z-z_0)^n}\mathrm{d}z = \begin{cases} 2\pi \mathrm{i}, & (n=1), \\ 0, & (n \neq 1) \end{cases}$$

其中 C 为包含 z_0 的任何一条正向简单闭曲线,n 为整数.

证明 用计算积分的方法证明. 由于被积函数在 C 内部只含一个奇点 $z=z_0$,所以可用“挖奇点”法计算积分.

在 C 内作 C_r:$|z-z_0|=r$,于是,由式(3-5)得

$$\oint_C \frac{1}{(z-z_0)^n}\mathrm{d}z = \oint_{C_r} \frac{1}{(z-z_0)^n}\mathrm{d}z = \begin{cases} 2\pi \mathrm{i}, n=1, \\ 0, n \neq 1. \end{cases}$$

【例 3.8】 计算积分$\oint_C \frac{3z-1}{z^2-z}dz$，其中$C:|z|=3$，且取正向.

证明 因$f(z)=\frac{3z-1}{z^2-z}=\frac{3z-1}{z(z-1)}$，被积函数在$C:|z|=3$内只含有两个奇点$z=0$与$z=1$，在$C$内作两个很小的圆周$C_1:|z|=r_1$和$C_2:|z-1|=r_2$，且互不相交，也互不包含，都在$C$内，由复合闭路原理得

$$\begin{aligned}\oint_C \frac{3z-1}{z^2-z}dz &= \oint_{C_1} \frac{3z-1}{z(z-1)}dz+\oint_{C_2} \frac{3z-1}{z(z-1)}dz \\ &= \oint_{C_1}\left(\frac{1}{z}+\frac{2}{z-1}\right)dz+\oint_{C_2}\left(\frac{1}{z}+\frac{2}{z-1}\right)dz \\ &= \oint_{C_1}\frac{1}{z}dz+\oint_{C_2}\frac{2}{z-1}dz \\ &= 2\pi i+4\pi i=6\pi i.\end{aligned}$$

3.3　积分基本公式与高阶导数公式

柯西积分公式

3.3.1　柯西积分公式

定理 3.8 设G是以围线C为边界的单连通区域(见图 3-6)，若$f(z)$在G内解析，且在C上连续，则

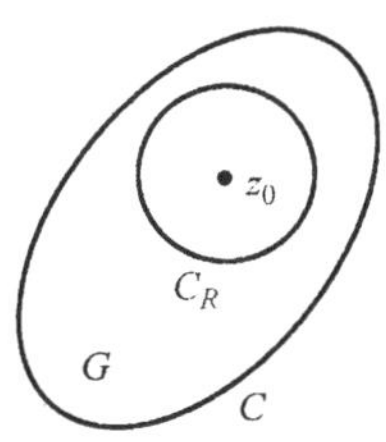

图 3-6

$$f(z_0)=\frac{1}{2\pi i}\oint_C \frac{f(z)}{z-z_0}dz. \tag{3-7}$$

公式(3-7)称为**柯西积分公式**.

证明 作$C_R:|z-z_0|=R$，使得C_R及其内部全含于G中，由定理 3.7 得

$$\oint_C \frac{f(z)}{z-z_0}\mathrm{d}z = \oint_{C_R} \frac{f(z)}{z-z_0}\mathrm{d}z. \tag{3-8}$$

因 $f(z)$ 在点 z_0 连续，所以对任意小的正数 ε 总可取到使式(3-8)成立的充分小的正数 R，使得

$$|f(z)-f(z_0)|<\varepsilon(z\in C_R),$$

于是

$$\begin{aligned}\left|\frac{1}{2\pi\mathrm{i}}\oint_C \frac{f(z)}{z-z_0}\mathrm{d}z-f(z_0)\right| &= \left|\frac{1}{2\pi\mathrm{i}}\oint_{C_R} \frac{f(z)}{z-z_0}\mathrm{d}z-f(z_0)\right| \\ &= \left|\frac{1}{2\pi\mathrm{i}}\oint_{C_R} \frac{f(z)}{z-z_0}\mathrm{d}z-f(z_0)\frac{1}{2\pi\mathrm{i}}\int_{C_R} \frac{1}{z-z_0}\mathrm{d}z\right| \\ &= \left|\frac{1}{2\pi\mathrm{i}}\oint_{C_R} \frac{f(z)-f(z_0)}{z-z_0}\mathrm{d}z\right| < \frac{1}{2\pi}\frac{\varepsilon}{R}2\pi R=\varepsilon,\end{aligned}$$

故

$$\left|\frac{1}{2\pi\mathrm{i}}\oint_c \frac{f(z)}{z-z_0}\mathrm{d}z-f(z_0)\right|=0,$$

从而

$$\frac{1}{2\pi\mathrm{i}}\oint_C \frac{f(z)}{z-z_0}\mathrm{d}z-f(z_0)=0,$$

所以

$$f(z_0)=\frac{1}{2\pi\mathrm{i}}\oint_C \frac{f(z)}{z-z_0}\mathrm{d}z \text{ 或} \oint_C \frac{f(z)}{z-z_0}\mathrm{d}z=2\pi\mathrm{i}\cdot f(z_0).$$

该定理对于由 $n+1$ 条围线 $C_0,C_1,C_2,\cdots,C_n$ 所围成的复连通区域，仍然有效. 定理3.8提供了计算如式(3-7)右端的积分的方法. 这类积分的特征是：积分路径是围线，被积函数为分式，它在积分路径内部只含一个奇点 z_0，且分母为 $(z-z_0)$，而分子在积分路径内部解析.

【例3.9】 求下列积分(取圆周正向).

(1) $\oint_C \frac{\mathrm{e}^{\mathrm{i}z}}{z-\mathrm{i}}\mathrm{d}z, C: |z-\mathrm{i}|=1$；

(2) $\oint_C \frac{\mathrm{e}^{z}}{z(z^2+1)}\mathrm{d}z, C: |z+\mathrm{i}|=\frac{1}{2}$；

(3) $\oint_C \frac{3z-1}{z^2-z}\mathrm{d}z, C: |z|=2$.

解 (1) $f(z)=\mathrm{e}^{\mathrm{i}z}$ 在 C 内解析，被积函数在 C 内有奇点 i，由柯西积分公式得

$$\oint_C \frac{\mathrm{e}^{\mathrm{i}z}}{z-\mathrm{i}}\mathrm{d}z=2\pi\mathrm{i}\mathrm{e}^{\mathrm{i}z}\big|_{z=\mathrm{i}}=2\pi\mathrm{i}\mathrm{e}^{-1}.$$

(2) $f(z)=\frac{\mathrm{e}^z}{z(z-\mathrm{i})}$ 在 C 内解析，被积函数在 C 内有奇点 $-\mathrm{i}$，则

$$\oint_C \frac{\mathrm{e}^z}{z(z^2+1)}\mathrm{d}z=\oint_C \frac{\frac{\mathrm{e}^z}{z(z-\mathrm{i})}}{(z+\mathrm{i})}\mathrm{d}z=2\pi\mathrm{i}\left.\frac{\mathrm{e}^z}{z(z-\mathrm{i})}\right|_{z=-\mathrm{i}}=\pi\mathrm{i}\mathrm{e}^{-\mathrm{i}}.$$

(3) 被积函数在 C 内有两个奇点 $z=0, z=1$，在 C 内作两个很小的圆周 $C_1: |z|=r_1$ 和 $C_2: |z-1|=r_2$，且互不相交，也互不包含，都在 C 内，由复合闭路原理得

$$\oint_C \frac{3z-1}{z^2-z}\mathrm{d}z=\oint_{C_1}\frac{3z-1}{z^2-z}\mathrm{d}z+\oint_{C_2}\frac{3z-1}{z^2-z}\mathrm{d}z,$$

由柯西积分公式得

$$\begin{aligned}\oint_C \frac{3z-1}{z^2-z}\mathrm{d}z&=\oint_{C_1}\frac{3z-1}{z^2-z}\mathrm{d}z+\oint_{C_2}\frac{3z-1}{z^2-z}\mathrm{d}z\\&=\oint_{C_1}\frac{\frac{3z-1}{z-1}}{z}\mathrm{d}z+\oint_{C_2}\frac{\frac{3z-1}{z}}{z-1}\mathrm{d}z\\&=2\pi\mathrm{i}\left.\frac{3z-1}{z-1}\right|_{z=0}+2\pi\mathrm{i}\left.\frac{3z-1}{z}\right|_{z=1}=2\pi\mathrm{i}+4\pi\mathrm{i}=6\pi\mathrm{i}.\end{aligned}$$

3.3.2 高阶导数公式

通过前面的学习，掌握了解析函数的导数和积分，通过例题和练习，思考后可提出问题：解析函数的导函数是否一定为解析函数?若是，则其导函数可否用一公式来表示呢?定理 3.9 对此给予了回答.

定理 3.9 设 G 是以围线 C 为边界的单连通区域，若 $f(z)$ 在 G 内解析，且在 $\overline{G}$ 上连续，则 $f(z)$ 在区域 G 内有各阶导数，并且有

$$f^{n}(z_0)=\frac{n!}{2\pi\mathrm{i}}\oint_C\frac{f(z)}{(z-z_0)^{n+1}}\mathrm{d}z\quad(n=1,2,\cdots,z_0\in G)\tag{3-9}$$

该定理揭示了解析函数的一个深刻性质：解析函数的任意阶导数仍为解析函数. 此性质常称为解析函数的无穷可微性.

公式(3-9) 的作用，不在于通过积分求导数，而是通过求导来求积分，即

$$\oint_C\frac{f(z)}{(z-z_0)^{n+1}}\mathrm{d}z=\frac{2\pi\mathrm{i}}{n!}f^{(n)}(z_0)\quad(n=1,2,\cdots)\tag{3-10}$$

定理3.9提供了计算如式(3-10)左端的积分的方法. 这类积分的特征是：积分路径是围线，被积函数为分式，它在积分路径内部只含一个奇点，且该奇点是使分母 $(z-z_0)^{n+1}$ 为零的点，而在积分路径上无被积函数的奇点.

【例 3.10】 计算下列积分：

(1) $\oint_C\frac{z^3}{(z-\mathrm{i})^4}\mathrm{d}z, C: |z|=3$；

(2) $\oint_C\frac{\mathrm{e}^z}{(z^2+1)^2}\mathrm{d}z, C: |z|=2$.

解 (1) z^3 在 C 内解析，被积函数在 C 内有奇点 i，由高阶导数公式得

$$\oint_C \frac{z^3}{(z-\mathrm{i})^4}\mathrm{d}z = \frac{2\pi\mathrm{i}}{3!}(z^3)'''\bigg|_{z=\mathrm{i}} = 2\pi\mathrm{i}.$$

(2) 被积函数在 C 内有两个奇点 $z=\mathrm{i}, z=-\mathrm{i}$，在 C 内作两个很小的圆周 $C_1: |z-i|=r_1$ 和 $C_2: |z+i|=r_2$，且互不相交，也互不包含，都在 C 内，则

$$\begin{aligned}\oint_C \frac{\mathrm{e}^z}{(z^2+1)^2}\mathrm{d}z &= \oint_{C_1} \frac{\mathrm{e}^z}{(z^2+1)^2}\mathrm{d}z + \oint_{C_2} \frac{\mathrm{e}^z}{(z^2+1)^2}\mathrm{d}z \\ &= \oint_{C_1} \frac{\mathrm{e}^z}{(z+\mathrm{i})^2(z-\mathrm{i})^2}\mathrm{d}z + \oint_{C_2} \frac{\mathrm{e}^z}{(z-\mathrm{i})^2(z+\mathrm{i})^2}\mathrm{d}z \\ &= 2\pi\mathrm{i}\left[\frac{\mathrm{e}^z}{(z+\mathrm{i})^2}\right]'\bigg|_{z=\mathrm{i}} + 2\pi\mathrm{i}\left[\frac{\mathrm{e}^z}{(z-\mathrm{i})^2}\right]'\bigg|_{z=-\mathrm{i}} \\ &= \frac{(1-\mathrm{i})\mathrm{e}^{\mathrm{i}}}{2}\pi - \frac{(1+\mathrm{i})\mathrm{e}^{-\mathrm{i}}}{2}\pi.\end{aligned}$$

习题 3

1. 沿下列路线计算积分 $\int_0^{1+\mathrm{i}}[(x-y)+\mathrm{i}x^2]$：

(1) 从原点到 $1+\mathrm{i}$ 的直线段；

(2) 从原点沿实轴到 1，再由 1 沿直线向上至 $1+\mathrm{i}$；

(3) 从原点沿虚轴到 i，再由 i 沿水平方向至 $1+\mathrm{i}$.

2. 沿下列路线计算积分 $\int_0^{3+\mathrm{i}} z^2\mathrm{d}z$：

(1) 从原点到 $3+\mathrm{i}$ 的直线段；

(2) 从原点沿实轴到 3，再由 3 沿直线向上至 $3+\mathrm{i}$；

(3) 从原点沿虚轴到 i，再由 i 沿水平方向至 $3+\mathrm{i}$.

3. 不计算，验证下列积分值为零，其中 C 为单位圆周 $|z|=1$：

(1) $\oint_C \frac{1}{\cos z}\mathrm{d}z$；

(2) $\oint_C \frac{1}{z^2+2z+2}\mathrm{d}z$；

(3) $\oint_C \frac{\mathrm{e}^{\mathrm{i}z}}{z^2+5z+6}\mathrm{d}z$；

(4) $\oint_C z\cos z^2\mathrm{d}z$.

4. 计算积分 $\oint_C \frac{\bar{z}}{|z|}\mathrm{d}z$，其中 C 为正向圆周：

(1) $|z|=2$；　　(2) $|z|=4$.

5. 沿指定曲线的正向计算下列积分：

(1) $\oint_C \frac{e^z}{z-2}dz, C: |z-2|=1$；

(2) $\oint_C \frac{1}{z^2-a^2}dz, C: |z-a|=a, a>0$；

(3) $\oint_C \frac{e^{iz}}{z^2+1}dz, C: |z-2i|=2$；

(4) $\oint_C \frac{\cos z}{(z-i)^3}dz, C: |z-i|=2$；

(5) $\oint_C \frac{z}{(z-1)^2(2z+1)}dz, C: |z|=2$.

6. 计算下列积分：

(1) $\int_{-2}^{-2+i}(z+2)^2dz$；

(2) $\int_0^1 z\sin z dz$；

(3) $\int_0^{\pi+2i}\cos\frac{z}{2}dz$；

(4) $\int_{-\pi i}^{3\pi i}e^{2z}dz$.

7. 计算积分：$\int_0^{2\pi a}(2z^2+8z+1)dz$，其中积分路径是连接 0 到 $2\pi a$ 的摆线：

$$\begin{cases} x=a(\theta-\sin\theta), \\ y=a(1-\cos\theta). \end{cases}$$

8. 计算积分 $\oint_{C_j}\frac{\sin\frac{\pi}{4}z}{z^2-1}dz(j=1,2,3)$：

(1) $C_1: |z+1|=\frac{1}{2}$；

(2) $C_2: |z-1|=\frac{1}{2}$；

(3) $C_3: |z|=2$.

9. 计算积分 $\oint_C \frac{e^z}{z}dz(C: |z|=1)$，利用结果证明：$\int_0^{\pi}e^{\cos\theta}\cos(\sin\theta)d\theta=\pi$.

10. 设 C 为圆周 $x^2+y^2=3$，$f(z)=\int_C \frac{3\xi^2+7\xi+1}{\xi-z}d\xi$，求 $f'(1+i)$.

第 4 章 解析函数的级数表示

本章以级数为工具,进一步揭示解析函数的一些更为深刻的性质.

4.1 复数项级数

定义 4.1 设 $C_n(n=1,2,\cdots)$ 为复常数,称

$$\sum_{n=1}^{\infty} C_n = C_1 + C_2 + \cdots + C_n + \cdots \tag{4-1}$$

为**复数项级数**,简称**级数**.

$$S_n = \sum_{k=1}^{n} C_k = C_1 + C_2 + \cdots + C_n$$

称为级数(4-1)的部分和.若

$$\lim_{n\to\infty} S_n = S \quad (S\text{ 为有限复数}),$$

则称级数(4-1)收敛于 S,且称 S 为级数(4-1)的**和**,写成

$$S = \sum_{n=1}^{\infty} C_n.$$

若复数列 $S_n(n=1,2,\cdots)$ 无极限,则称级数(4-1)**发散**.

由定义 4.1,可把复数列极限的有关命题转化为级数的相应的命题,得到级数的如下性质:

(1) 若级数 $\sum\limits_{n=1}^{\infty} C_n$ 收敛,则 $\lim\limits_{n\to\infty} C_n = 0$.这可由"若 $\lim\limits_{n\to\infty} S_n = S$,则 $\lim\limits_{n\to\infty}(S_n - S_{n-1}) = S - S = 0$"转化而来.

(2) 若 k 为常数,$\sum\limits_{n=1}^{\infty} C_n = S$,则 $\sum\limits_{n=1}^{\infty} kC_n = k\sum\limits_{n=1}^{\infty} C_n$.这可由"若 k 为常数,$\lim\limits_{n\to\infty} S_n = S$,则 $\lim\limits_{n\to\infty} kS_n = kS$"转化而来.

(3) 若 $\sum\limits_{n=1}^{\infty} C_n = S$,$\sum\limits_{n=1}^{\infty} C'_n = S'$,则 $\sum\limits_{n=1}^{\infty}(C_n + C'_n) = S + S'$.这可由"若 $\lim\limits_{n\to\infty} S_n = S$,$\lim\limits_{n\to\infty} S'_n = S'$,则 $\lim\limits_{n\to\infty}(S_n + S'_n) = S + S'$"转化而来.这里 $S'_n = \sum\limits_{k=1}^{n} C'_k$.

(4) $\sum\limits_{n=1}^{\infty} C_n$ 收敛的充要条件是:对任给 $\varepsilon > 0$,存在自然数 N,当 $n > N$ 时,恒有

$$|C_{n+1} + C_{n+2} + \cdots + C_{n+p}| < \varepsilon \quad (p = 1,2,\cdots).$$

这可由复数列 $\{S_n\}$ 的柯西收敛准则得来.

(5) 设 $C_n = a_n + \mathrm{i}b_n$,$a_n$,$b_n$ 为实常数 $(n=1,2,\cdots)$,则级数(4-1)收敛于 $S = a + \mathrm{i}b$(a,b 为实常数)的充要条件是:$\sum\limits_{n=1}^{\infty} a_n$ 收敛于 a,同时 $\sum\limits_{n=1}^{\infty} b_n$ 收敛于 b.这可由定理 1.3 转化而来,事实

上，$\sum_{n=1}^{\infty} C_n = S = \lim_{n\to\infty}\sum_{k=1}^{n}(a_k + \mathrm{i}\, b_k) = a + \mathrm{i}b$ 的充要条件是

$$\lim_{n\to\infty}\sum_{k=1}^{n} a_k = a, \text{同时} \lim_{n\to\infty}\sum_{k=1}^{n} b_k = b.$$

根据性质(5)，也可以由实数项级数的一些命题导出复数项级数的相应命题. 如：

(6) 设 $C_n = a_n + \mathrm{i}\, b_n$ 为复常数，则级数 $\sum_{n=1}^{\infty} C_n$ 绝对收敛(即 $\sum_{n=1}^{\infty} |C_n|$ 收敛)的充要条件是：$\sum_{n=1}^{\infty} a_n$ 与 $\sum_{n=1}^{\infty} b_n$ 都绝对收敛. 因为 $|a_n| \leqslant |C_n|$，$|b_n| \leqslant |C_n|$ $(n = 1,2,\cdots)$，故当 $\sum_{n=1}^{\infty} |C_n|$ 收敛时，$\sum_{n=1}^{\infty} a_n$ 与 $\sum_{n=1}^{\infty} b_n$ 都绝对收敛. 又因为 $\sum_{n=1}^{\infty} |C_n| = \sum_{n=1}^{\infty} \sqrt{a_n^2 + b_n^2} \leqslant \sum_{n=1}^{\infty} |a_n| + \sum_{n=1}^{\infty} |b_n|$，故当 $\sum_{n=1}^{\infty} a_n$ 与 $\sum_{n=1}^{\infty} b_n$ 都绝对收敛时，$\sum_{n=1}^{\infty} C_n$ 必绝对收敛. 由此看出，若 $\sum_{n=1}^{\infty} C_n$ 绝对收敛，$\sum_{n=1}^{\infty} C_n$ 必收敛. 但在 $\sum_{n=1}^{\infty} C_n$ 收敛时，$\sum_{n=1}^{\infty} a_n$ 与 $\sum_{n=1}^{\infty} b_n$ 虽都收敛，但这两个实级数未必绝对收敛，从而知 $\sum_{n=1}^{\infty} C_n$ 未必绝对收敛.

(7) 绝对收敛级数 $\sum_{n=1}^{\infty} C_n$ 的各项可以重排，即若级数

$$\sum_{n=1}^{\infty} C_n = C_1 + C_2 + \cdots + C_n + \cdots$$

绝对收敛，则调换级数的各项的顺序所得的级数仍绝对收敛且其和不变.

(8) 两个绝对收敛级数

$$S = C_1 + C_2 + \cdots + C_n + \cdots, \quad S' = C_1' + C_2' + \cdots + C_n' + \cdots$$

可按下述对角线法

	C_1'	C_2'	C_3'	$\cdots$
C_1	C_1C_1'	C_1C_2'	C_1C_3'	$\cdots$
C_2	C_2C_1'	C_2C_2'	C_2C_3'	$\cdots$
C_3	C_3C_1'	C_3C_2'	C_3C_3'	$\cdots$
$\vdots$	$\vdots$	$\vdots$	$\vdots$	

得出乘积级数

$$C_1C_1' + (C_1C_2' + C_2C_1') + (C_1C_3' + C_2C_2' + C_3C_1') + \cdots,$$

它收敛于 SS'.

定义 4.2　式子：$\cdots + C_{-n} + C_{-(n-1)} + \cdots + C_{-2} + C_{-1} + C_0 + C_1 + C_2 + \cdots + C_{n-2} + C_{n-1} + C_n + \cdots$ 缩写成 $\sum_{n=\infty}^{+\infty} C_n$，称为**两端级数**，其中 C_n $(n = 0,1,2,\cdots)$ 及 C_{-n} $(n = 1,2,\cdots)$ 是复常数. 当且仅当

$$\sum_{n=1}^{\infty} C_{-n} = C_{-1} + C_{-2} + \cdots + C_{-n} + \cdots$$

及

$$\sum_{n=0}^{\infty} C_n = C_0 + C_1 + C_2 + \cdots + C_n + \cdots$$

皆收敛时,称 $\sum\limits_{n=\infty}^{+\infty} C_n$ **收敛**,此时规定

$$\sum_{n-\infty}^{\infty} C_n = \sum_{n=0}^{\infty} C_n + \sum_{n=1}^{\infty} C_{-n},$$

否则称 $\sum\limits_{n=\infty}^{\infty} C_n$ **发散**.

4.2 复变函数项级数

定义 4.3 设函数 $f_n(z)(n=1,2,\cdots)$ 在集合 E 上有定义,若对 E 中任一点 z, 级数

$$\sum_{n=1}^{\infty} f_n(z) = f_1(z) + f_2(z) + \cdots + f_n(z) + \cdots \tag{4-2}$$

收敛,则称函数项级数(4-2)在集合 E 上**收敛**,其和记作:$f(z)$. 显然 $f(z)$ 是定义在 E 上**的函数**,称为**和函数**,级数(4-2)在集合 E 上收敛于和函数 $f(z)$, 记作:

$$\sum_{n=1}^{\infty} f_n(z) = f(z), z \in E.$$

用不等式描述便是:任意给定 $\varepsilon > 0$ 及给定的 $z \in E$, 存在自然数 $N = N(\varepsilon, z)$, 使得当 $n > N$ 时,恒有

$$|S_n(z) - f(z)| < \varepsilon,$$

式中的 $S_n(z) = f_1(z) + f_2(z) + \cdots + f_n(z)$.

上述的 $N = N(\varepsilon, z)$, 既依赖于 ε 又依赖于 $z \in E$. 一种特殊而且重要的情形是 $N = N(\varepsilon)$ 不依赖于 $z \in E$.

定义 4.4 对级数(4-2),如果在集合 E 上有一个函数 $f(z)$, 使对任意给定的 $\varepsilon > 0$, 存在自然数 $N = N(\varepsilon)$, 对任何 $z \in E$, 当 $n > N$ 时,恒有

$$|S_n(z) - f(z)| < \varepsilon,$$

则称级数(4-2)在 E 上一致收敛于 $f(z)$.

显然,级数(4-2)在 E 上一致收敛于 $f(z)$ 时,它必在 E 上收敛于 $f(z)$, 但级数(4-2)在 E 上收敛于 $f(z)$ 时,它在 E 上不一定是一致收敛的.

定理 4.1(柯西一致收敛准则)　级数(4-2)在 E 上一致收敛于某函数的充要条件是：任给 $\varepsilon>0$，存在自然数 $N=N(\varepsilon)$，使得当 $n>N$ 时，对一切 $z\in E$，恒有

$$|f_{n+1}(z)+f_{n+2}(z)+\cdots+f_{n+p}(z)|<\varepsilon \quad (p=1,2,\cdots).$$

据此准则，可推出级数(4-2)一致收敛的一种常用的判别法，即所谓的魏尔斯特拉斯(Weierstrass)判别法：如果有正实数列 $M_n(n=1,2,\cdots)$，使得对一切 $z\in E$，有

$$|f_n(z)|\leqslant M_n \quad (n=1,2,\cdots),$$

而且级数 $\sum\limits_{n=1}^{\infty}M_n$ 收敛，则复数项级数 $\sum\limits_{n=1}^{\infty}f_n(z)$ 在点集 E 上绝对收敛且一致收敛.

定义 4.5　设 $f_n(z)(n=1,2,\cdots)$ 是定义在区域 D 内的函数列，若级数

$$\sum_{n=1}^{\infty}f_n(z),z\in D$$

在 D 内任一有界闭集上一致收敛，则称此级数在 D 内**内闭一致收敛**.

定理4.2　级数(4-2)在圆域 $K:|z-a|<R$ 内内闭一致收敛的充要条件是：对任意正数 ρ，只要 $\rho<R$，级数(4-2)在闭域 $\overline{K}_\rho:|z-a|\leqslant\rho$ 上一致收敛.

证明　(必要性) $\overline{K}_\rho$ 是 K 内的有界闭集.

(充分性)圆 K 内的任一有界闭集 F，总可以包含在 K 内某个闭圆域 $\overline{K}_\rho$ 内.

显然，在区域 D 内一致收敛的级数必在 D 内内闭一致收敛，但其逆不真.

【例 4.1】　考察等比级数

$$\sum_{n=1}^{\infty}z^{n-1}=1+z+z^2+\cdots+z^{n-1}+\cdots \tag{4-3}$$

在 $|z|<1$ 的收敛性.

解　(1)级数(4-3)在 $|z|<1$ 收敛于 $\frac{1}{1-z}$. 实际上，在 $|z|<1$ 内有

$$\sum_{k=1}^{n}z^{k-1}=\frac{1-z^n}{1-z}\to\frac{1}{1-z} \quad (n\to\infty),$$

于是

$$\sum_{n=1}^{\infty}z^{n-1}=\frac{1}{1-z},|z|<1.$$

(2)级数(4-3)在 $|z|<1$ 内内闭一致收敛，实际上，级数在任一闭圆域 $|z|\leqslant r(r<1)$ 上一致收敛($\sum\limits_{n=1}^{\infty}r^{n-1}$ 是收敛的实正项级数).

(3)级数在 $|z|<1$ 内不一致收敛.实际上，对任给的 $\varepsilon>0$，由

$$\left|\frac{1-z^n}{1-z}-\frac{1}{1-z}\right|=\frac{|z^n|}{|1-z|}<\varepsilon$$

知

$$n>\frac{1}{\ln|z|}(\ln\varepsilon+\ln|1-z|)\to+\infty \quad (z\to1).$$

［注意］　级数(4-3)当$|z|\geqslant 1$时发散.实际上,当$|z|\geqslant 1$时,

$$\lim_{n\to\infty} z^{n-1}\neq 0.$$

下面两个定理和实变函数项级数相应的定理平行.我们只给出定理而不作证明.

定理 4.3　设级数(4-2)的各项在集合E上连续,并且一致收敛于函数$f(z)$,则和函数

$$f(z)=\sum_{n=1}^{\infty} f_n(z)$$

也在E上连续.

定理 4.4　若级数$\sum\limits_{n=1}^{\infty} f_n(z)$的各项在曲线$C$上连续,并且在$C$上一致收敛于函数$f(z)$,则沿$C$可以逐项积分:

$$\int_C f(z)\mathrm{d}z=\sum_{n=1}^{\infty}\int_C f_n(z)\mathrm{d}z.$$

定理 4.5　设

(1)$f_n(z)(n=1,2,\cdots)$在区域D内解析;

(2)$\sum\limits_{n=1}^{\infty} f_n(z)$在$D$内内闭一致收敛于函数$f(z)$,$f(z)=\sum\limits_{n=1}^{\infty} f_n(z)$,$z\in D$,

则

(1)$f(z)$在区域D内解析;

(2)$f^{(k)}(z)=\sum\limits_{n=1}^{\infty} f_n^{(k)}(z)(z\in D,k=1,2,\cdots)$.

证明　(1)设z_0是D内任一点,则必有$\rho>0$,使闭圆域$\overline{K}$:$|z-z_0|\leqslant\rho$全含于D内,若C为圆域K:$|z-z_0|<\rho$内任一闭路,由柯西积分定理得

$$\int_C f_n(z)\mathrm{d}z=0,\quad n=1,2,\cdots.$$

再由级数$\sum\limits_{n=1}^{\infty} f_n(z)$在$\overline{K}$上一致收敛,且$f_n(z)$在$\overline{K}$上连续$(n=1,2,\cdots)$,由定理 4.4 得

$$\int_C f(z)\mathrm{d}z=\sum_{n=1}^{\infty}\int_C f_n(z)\mathrm{d}z=0.$$

由莫勒尔定理知,$f(z)$在K内解析,从而在z_0解析,由于z_0的任意性,故$f(z)$在D内解析.

(2)设z_0为D内任意一点,必有$\rho>0$,使闭圆域$\overline{K}$:$|z-z_0|\leqslant\rho$全含于D内,$\overline{K}$的边界是圆周Γ:$|z-z_0|=\rho$.故由定理 3.9 有

$$f^{(k)}(z_0)=\frac{k!}{2\pi\mathrm{i}}\int_\Gamma\frac{f(\zeta)}{(\zeta-z_0)^{k+1}}\mathrm{d}\zeta,\quad f_n^{(k)}(z_0)=\frac{k!}{2\pi\mathrm{i}}\int_\Gamma\frac{f_n(\zeta)}{(\zeta-z_0)^{k+1}}\mathrm{d}\zeta,\quad k=1,2,\cdots.$$

由条件(2),在Γ上知级数

$$\frac{f(\zeta)}{(\zeta-z_0)^{k+1}}=\sum_{n=1}^{\infty}\frac{f_n(\zeta)}{(\zeta-z_0)^{k+1}}$$

是一致收敛的.由定理 4.4 得到

$$\int_{\Gamma}\frac{f(\zeta)}{(\zeta-z_0)^{k+1}}\mathrm{d}\zeta=\sum_{n=1}^{\infty}\int_{\Gamma}\frac{f_n(\zeta)}{(\zeta-z_0)^{k+1}}\mathrm{d}\zeta,$$

两端同乘以$\frac{k!}{2\pi\mathrm{i}}$，便得

$$f^{(k)}(z_0)=\sum_{n=1}^{\infty}f_n^{(k)}(z_0)\quad(k=1,2,\cdots).$$

由于z_0的任意性，于是

$$f^{(k)}(z)=\sum_{n=1}^{\infty}f_n^{(k)}(z)\quad(z\in D,k=1,2,\cdots).$$

此定理是著名的魏尔斯特拉斯定理，它说明解析函数逐项求导的条件比实变函数项级数求导的条件要宽松得多.

4.3　幂级数

本节讨论一类特别的函数项级数，即**幂级数**

$$\sum_{n=0}^{\infty}C_n(z-z_0)^n=C_0+C_1(z-z_0)+C_2(z-z_0)^2+\cdots+C_n(z-z_0)^n+\cdots,\quad(4\text{-}4)$$

其中，z_0与$C_n(n=1,2,\cdots)$是复常数，z是复变量.

研究幂级数的首要任务是研究它的收敛性. 为此先引入阿贝尔(Abel)第一定理.

定理 4.6　若幂级数(4-4)在某点$z_1(z_1\neq z_0)$收敛，则它必在圆域K：$|z-z_0|<|z_1-z_0|$内绝对收敛且内闭一致收敛.

证明　设z是K内任意定点，因$\sum_{n=0}^{\infty}C_n(z_1-z_0)^n$收敛，其各项必然有界，即存在正实数$M$，使

$$|C_n(z_1-z_0)^n|\leqslant M\quad(n=0,1,2,\cdots),$$

于是有

$$|C_n(z-z_0)^n|=\left|C_n(z_1-z_0)^n\left(\frac{z-z_0}{z_1-z_0}\right)^n\right|\leqslant M\left|\frac{z-z_0}{z_1-z_0}\right|^n.$$

又由于$|z-z_0|<|z_1-z_0|$，故级数

$$\sum_{n=0}^{\infty}M\left|\frac{z-z_0}{z_1-z_0}\right|^n$$

是收敛的等比级数，因而$\sum_{n=0}^{\infty}C_n(z-z_0)^n$在$K$内绝对收敛.

又对 K 内任一闭圆域$\overline{K}_\rho$：$|z-z_0|\leqslant\rho(0<\rho<|z_1-z_0|)$上的一切点，都有

$$|C_n(z-z_0)^n|\leqslant M\left|\frac{z-z_0}{z_1-z_0}\right|^n\leqslant M\left(\frac{\rho}{|z_1-z_0|}\right)^n,$$

而级数$\sum\limits_{n=0}^{\infty}M\left(\frac{\rho}{|z_1-z_0|}\right)^n$收敛，故级数$\sum\limits_{n=0}^{\infty}C_n(z_1-z_0)^n$在$\overline{K}_\rho$上一致收敛，再据定理 4.2，此级数在 K 内内闭一致收敛.

容易证明：若幂级数(4-4)在某点 $z_2(z_2\neq z_0)$发散，则它必在$|z-z_0|>|z_2-z_0|$内发散(用反证法).

定理 4.7　对于级数(4-4)，作实系数幂级数：

$$\sum_{n=0}^{\infty}|C_n|x^n=|C_0|+|C_1|x+|C_2|x^2+\cdots+|C_n|x^n+\cdots,\tag{4-5}$$

其中 x 为实变量. 若级数(4-5)的收敛半径为 R，则按照不同情况分别有：

(1) 如果 $0<R<+\infty$，那么当$|z-z_0|<R$时，级数(4-4)绝对收敛；当$|z-z_0|>R$时，级数(4-4)发散.

(2) 如果 $R=+\infty$，那么级数(4-4)在复平面上每一点都绝对收敛.

(3) 如果 $R=0$，那么级数(4-4)在复平面除 $z=z_0$ 外，每一点都发散.

证明　(1) 如果 z_1 满足$|z_1-z_0|<R$，那么，可以找到一个正实数 r_1，使它满足$|z_1-z_0|<r_1<R$. 由于级数(4-5)在 $x=r_1$ 收敛，级数(4-4)在$|z-z_0|=r_1$时绝对收敛，从而它在 $z=z_1$ 时也绝对收敛.

如果$|z_1'-z_0|>R$，那么可以找到一个正数 r_1'，使它满足$|z_1'-z_0|>r_1'>R$，若级数(4-4)在 $z=z_1'$时收敛，则级数(4-5)在 $x=r_1'$也收敛，这与假设矛盾，这样(1)得证.

(2)及(3)可类似地证明.

在定理 4.7(1)中，当$|z-z_0|=R$时，级数(4-3)可能收敛，也可能发散.

定理 4.7 中的数 $R(0<R<+\infty)$称为级数(4-4)的收敛半径，$|z-z_0|<R$ 称为它的收敛圆域，$|z-z_0|=R$ 称为它的收敛圆周.(2)及(3)情形的 R，也称它们为收敛半径. 当 $R=+\infty$ 时，级数(4-3)的收敛半径是$+\infty$，此时收敛圆扩大为复平面；当 $R=0$ 时，级数(4-3)的收敛半径为 0，此时收敛圆缩成一点 $z=z_0$，于是级数(4-4)的收敛半径的问题归结为级数(4-5)的收敛半径的问题. 因此，如果极限

$$\lim_{n\to\infty}\left|\frac{C_{n+1}}{C_n}\right|=l\quad\text{或}\quad\lim_{n\to\infty}\sqrt[n]{|C_n|}=l,$$

其中 l 为有限常数或无穷大，则

$$R=\begin{cases}\dfrac{1}{l}, & 0<l<+\infty,\\ 0, & l=+\infty,\\ +\infty, & l=0.\end{cases}$$

【例 4.2】　求下列各幂级数的收敛半径 R.

(1) $\sum\limits_{n=0}^{\infty}\dfrac{z^n}{n^2}$;　　(2) $\sum\limits_{n=0}^{\infty}\dfrac{z^n}{n!}$;　　(3) $\sum\limits_{n=0}^{\infty}n!z^n$;

解　(1) 因 $\lim\limits_{n\to\infty}\left|\dfrac{\dfrac{1}{(n+1)^2}}{\dfrac{1}{n^2}}\right|=\lim\limits_{n\to\infty}\left(\dfrac{n}{n+1}\right)^2=1$,故 $R=1$.

(2) 因 $\lim\limits_{n\to\infty}\dfrac{\dfrac{1}{(n+1)!}}{\dfrac{1}{n!}}=\lim\limits_{n\to\infty}\dfrac{1}{n+1}=0$,故 $R=+\infty$.

(3) 因 $\lim\limits_{n\to\infty}\dfrac{(n+1)!}{n!}=\lim\limits_{n\to\infty}(n+1)=+\infty, R=0$.

【例 4.3】　求幂级数 $\sum\limits_{n=0}^{\infty}z^n\cos(in)$ 的收敛半径 R.

解　$\sqrt[n]{|C_n|}=\sqrt[n]{\dfrac{e^{-n}+e^n}{2}}=\dfrac{1}{\sqrt[n]{2}}\sqrt[n]{e^{-n}+e^n}$,又 $e<\sqrt[n]{e^{-n}+e^n}<\sqrt[n]{e^n+e^n}=\sqrt[n]{2}e$,而 $\lim\limits_{n\to\infty}\sqrt[n]{2}e=e$,故 $\lim\limits_{n\to\infty}\sqrt[n]{e^{-n}+e^n}=e$. 从而

$$R=\lim_{n\to\infty}\frac{1}{\sqrt[n]{|C_n|}}=\lim_{n\to\infty}\frac{1}{\sqrt[n]{2}}\sqrt[n]{e^{-n}+e^n}=\frac{1}{e}.$$

以下我们说幂级数有收敛圆域,都是指其收敛半径是大于零的情况.

定理 4.8　(1) 幂级数

$$\sum_{n=0}^{\infty}C_n(z-z_0)^n \tag{4-6}$$

的和函数 $f(z)$ 在其收敛圆域 $K:|z-z_0|<R$ 内解析.

(2) 在收敛圆域 K 内,幂级数(4-6) 可逐项求导至任意阶,即

$$\begin{aligned}f^{(k)}(z)=&k!C_k+(k+1)k\cdots 2C_{k+1}(z-z_0)+\cdots\\&+n(n-1)\cdots(n-k+1)C_n(z-z_0)^{n-k}+\cdots,\quad k=1,2,\cdots.\end{aligned} \tag{4-7}$$

(3) $C_k=\dfrac{f^{(k)}(z_0)}{k!},\quad k=0,1,2,\cdots.$ (4-8)

证明　由定理 4.6,幂级数(4-4) 在其收敛圆域 $K:|z-z_0|<R$ 内内闭一致收敛于 $f(z)$,而其各项 $C_n(z-z_0)^n(n=0,1,2,\cdots)$ 又都在 z 平面上解析,故由定理 4.5,本定理(1),(2) 得证逐项求 k 阶导数($k=1,2,\cdots$)后,便得到式(4-7).

在式(4-7) 中,令 $z=z_0$, 得

$$C_k=\frac{f^{(k)}(z_0)}{k!}\quad(k=1,2,\cdots).$$

注意到 $C_0=f(z_0)=f^{(0)}(z_0)$,即可得到式(4-8).

4.4 泰勒级数

4.4.1 解析函数的泰勒级数

由定理 4.8 知，任意一个具有非零收敛半径的幂级数，在其收敛圆域内收敛于一个解析函数. 下面的定理说明这个性质的逆命题也是成立的.

定理 4.9 设函数 $f(z)$在区域D 内解析，$z_0 \in D$，只要圆域 K：$|z-z_0|<R$ 含于D，则 $f(z)$在K 内能展成幂级数

$$f(z)=\sum_{n=0}^{\infty} C_n (z-z_0)^n, \tag{4-9}$$

其中，系数

$$C_n=\frac{1}{2\pi i}\int_{\Gamma_\rho}\frac{f(\zeta)}{(\zeta-z_0)^{n+1}}d\zeta=\frac{f^{(n)}(z_0)}{n!}(\Gamma_\rho:|\zeta-z_0|=\rho,0<\rho<R;n=0,1,2\cdots), \tag{4-10}$$

且展开式是唯一的.

证明 设 z 为K 内任意选定的点，总有一个圆周Γ_ρ：$|\zeta-z_0|=\rho(0<\rho<R)$，使点 z 含在 Γ_ρ 的内部(见图 4-1). 由柯西公式得

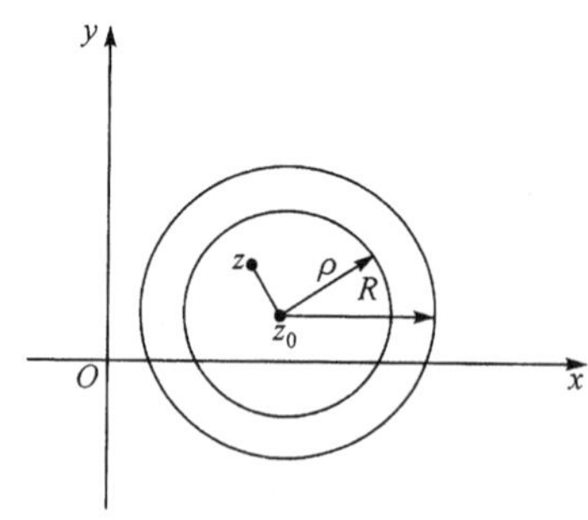

图 4-1

$$f(z)=\frac{1}{2\pi i}\int_{\Gamma\rho}\frac{f(\zeta)}{\zeta-z}d\zeta.$$

为把$\frac{f(\zeta)}{\zeta-z}$表示为含有 $z-z_0$ 的正幂次的级数，写成

$$\frac{f(\zeta)}{\zeta-z}=\frac{f(\zeta)}{\zeta-z_0-(z-z_0)}=\frac{f(\zeta)}{\zeta-z_0}\frac{1}{1-\frac{z-z_0}{\zeta-z_0}},$$

再求助于等比级数

$$\frac{1}{1-u}=\sum_{n=0}^{\infty}u^n\,(|u|<1). \tag{4-11}$$

因 $\zeta\in\Gamma_\rho$，故

$$\left|\frac{z-z_0}{\zeta-z_0}\right|=\frac{|z-z_0|}{\rho}<1,$$

于是由式(4-11)，得

$$\frac{1}{1-\frac{z-z_0}{\zeta-z_0}}=\sum_{n=0}^{\infty}\left(\frac{z-z_0}{\zeta-z_0}\right)^n.$$

上式右端级数在Γ_ρ上(关于ζ)是一致收敛的，与Γ_ρ上的有界函数$\frac{f(\zeta)}{\zeta-z_0}$相乘仍是$\Gamma_\rho$上的一致收敛级数. 于是$\frac{f(\zeta)}{\zeta-z}$可表示为$\Gamma_\rho$上的一致收敛级数

$$\frac{f(\zeta)}{\zeta-z}=\sum_{n=0}^{\infty}(z-z_0)^n\frac{f(\zeta)}{(\zeta-z_0)^{n+1}}.$$

将上式沿Γ_ρ积分，并以$\frac{1}{2\pi i}$乘所得结果，据逐项积分定理，便得到

$$\begin{aligned}f(z)&=\frac{1}{2\pi i}\int_{\Gamma_\rho}\frac{f(\zeta)}{\zeta-z}d\zeta\\&=\frac{1}{2\pi i}\int_{\Gamma_\rho}\sum_{n=0}^{\infty}(z-z_0)^n\frac{f(\zeta)}{(\zeta-z_0)^{n+1}}d\zeta\\&=\frac{1}{2\pi i}\sum_{n=0}^{\infty}(z-z_0)^n\int_{\Gamma_\rho}\frac{f(\zeta)}{(\zeta-z_0)^{n+1}}d\zeta\\&=\sum_{n=0}^{\infty}\left[\frac{1}{2\pi i}\int_{\Gamma_\rho}\frac{f(\zeta)}{(\zeta-z_0)^{n+1}}d\zeta\right](z-z_0)^n.\end{aligned}$$

由定理 3.9 知

$$\frac{1}{2\pi i}\int_{\Gamma_\rho}\frac{f(\zeta)}{(\zeta-z_0)^{n+1}}d\zeta=\frac{f^{(n)}(z_0)}{n!},$$

最后得出

$$f(z)=\sum_{n=0}^{\infty}C_n(z-z_0)^n,$$

其中的系数 C_n 由式(4-10)决定. 上面的证明对任意的 $z\in K$ 均成立. 故定理前半部分已证出，下面证明展开式是唯一的.

设另有展开式

$$f(z)=\sum_{n=0}^{\infty}C'_n(z-z_0)^n \quad (z\in K: |z-z_0|<R),$$

由定理 4.8(3),有

$$C'_n=\frac{f^{(n)}(z_0)}{n!}=C_n \quad (n=0,1,2,\cdots),$$

故展开式是唯一的.

式(4-9) 称为 $f(z)$在 z_0 的**泰勒(Taylor) 展开式**,式(4-10) 称为**泰勒系数**,式(4-9) 右边的级数称为**泰勒级数**.

由定理 4.8(1) 和定理 4.9 可得出解析函数的又一等价定理.

定理 4.10 $f(z)$在区域D 内解析的充要条件为:$f(z)$在 D 内任一点 z_0 的邻域内可展成$(z-z_0)$的幂级数,即泰勒级数.

泰勒展开式(4-9) 仅限于 z 在Γ_ρ(见图 4-1) 的内部时成立,而Γ_ρ 又只需在 $f(z)$的解析区域D内,对其大小并无限制,故展开式(4-9) 在以 z_0 为圆心,以 z_0 到最接近的 $f(z)$的奇点的距离为半径的圆周内部皆成立,由此及定理 4.8(1) 就可得如下定理.

定理 4.11 如果幂级数(4-4) 的收敛半径 $R>0$,且

$$f(z)=\sum_{n=0}^{\infty}C_n(z-z_0)^n \quad (z\in K: |z-z_0|<R),$$

则 $f(z)$在收敛圆周C:$|z-z_0|=R$ 上至少有一个奇点.

【例 4.4】 求下列函数在 $z=0$ 点的泰勒展开式:

(1)e^z; (2)$\cos z$; (3)$\sin z$; (4)$e^z\sin z$;

(5)$\dfrac{1}{1+z}$; (6)$\dfrac{e^z}{1-z}$; (7)$\ln(z+1)$.

解 (1)$e^z=\sum\limits_{n=0}^{\infty}\dfrac{(e^z)^{(n)}\big|_{x=0}}{n!}z^n=\sum\limits_{n=0}^{\infty}\dfrac{e^0}{n!}z^n=\sum\limits_{n=0}^{\infty}\dfrac{1}{n!}z^n$, $|z|<+\infty$.

$$(2)\cos z=\frac{1}{2}(e^{iz}+e^{-iz})=\frac{1}{2}\left(\sum_{n=0}^{\infty}\frac{(iz)^n}{n!}+\sum_{n=0}^{\infty}\frac{(-iz)^n}{n!}\right)$$

$$=\frac{1}{2}\sum_{n=0}^{\infty}\frac{1+(-1)^n}{n!}(iz)^n=\frac{1}{2}\sum_{k=0}^{\infty}\frac{2}{(2k)!}(iz)^{2k}$$

$$=\sum_{n=0}^{\infty}\frac{(-1)^n}{(2n)!}z^{2n},\ |z|<+\infty.$$

$$(3)\sin z=-(\cos z)'=-\sum_{n=0}^{\infty}\left[\frac{(-1)^n z^{2n}}{(2n)!}\right]'=\sum_{n=0}^{\infty}\frac{(-1)^n}{(2n+1)!}z^{2n+1},\ |z|<+\infty.$$

$$(4)e^z\sin z=e^z\left(\frac{e^{iz}-e^{-iz}}{2i}\right)$$

$$=\frac{1}{2i}\left[e^{(1+i)z}-e^{(1-i)z}\right]=\frac{1}{2i}\sum_{n=0}^{\infty}\frac{(1+i)^n-(1-i)^n}{n!}z^n$$

$$=\frac{1}{2\mathrm{i}}\sum_{n=0}^{\infty}\frac{(2\mathrm{i})(\sqrt{2})^n\sin\frac{n\pi}{4}}{n!}z^n=\sum_{n=0}^{\infty}\frac{(\sqrt{2})^n\sin\frac{n\pi}{4}}{n!}z^n,|z|<+\infty.$$

(5) $\frac{1}{1+z}=\frac{1}{1-(-z)}=\sum_{n=0}^{\infty}(-1)^n z^n,|z|<1$；

$$\frac{1}{(1+z)^2}=-\left(\frac{1}{1+z}\right)'=-\sum_{n=0}^{\infty}[(-1)^n z^n]'=\sum_{n=1}^{\infty}(-1)^{n-1}nz^{n-1},|z|<1.$$

(6) $\frac{\mathrm{e}^z}{1-z}=\left(1+\frac{z}{1!}+\frac{z^2}{2!}+\cdots\right)\cdot(1+z+z^2+\cdots)$

$$=1+\left(1+\frac{1}{1!}\right)z+\left(1+\frac{1}{1!}+\frac{1}{2!}\right)z^2+\cdots+$$

$$\left(1+\frac{1}{1!}+\frac{1}{2!}+\cdots+\frac{1}{n!}\right)z^n+\cdots,|z|<1.$$

(7) $\ln(z+1)$以$z=-1,\infty$为支点，将负实轴沿-1到∞割破得到区域G，在G内（特别在单位圆域$|z|<1$内）可把$\ln(z+1)$分出无穷多个单值支．取其主值支$\ln(z+1)$，即在$z+1$取正实数时，$\ln(z+1)$取实数，则有

$$\ln(z+1)=\int_0^z\frac{\mathrm{d}z}{z+1}=\sum_{n=0}^{\infty}\int_0^z(-1)^n z^n\mathrm{d}z=\sum_{n=0}^{\infty}\frac{(-1)^n z^{n+1}}{n+1},|z|<1.$$

【例 4.5】 求下列函数在$z=1$点的泰勒展开式．

(1) $\sin z$；　(2) $\frac{z}{z+2}$；　(3) $\frac{z-1}{z+1}$；　(4) $\frac{z}{z^2-2z+5}$.

解　(1) 因

$$(\sin z)^{(n)}=\sin\left(z+\frac{n\pi}{2}\right),\sin z^{(n)}|_{z=1}=\sin\left(1+\frac{n\pi}{2}\right),$$

故

$$\sin z=\sum_{n=0}^{\infty}\frac{\sin\left(1+\frac{n\pi}{2}\right)}{n!}(z-1)^n,|z-1|<+\infty.$$

(2) $\frac{z}{z+2}=1-\frac{2}{z+2}=1-\frac{2}{(z-1)+3}$

$$=1-\frac{2}{3}\frac{1}{1+\frac{z-1}{3}}=1-\frac{2}{3}\sum_{n=0}^{\infty}\frac{(-1)^n}{3^n}(z-1)^n,|z-1|<3.$$

(3) $\frac{z-1}{z+1}=(z-1)\frac{1}{2+(z-1)}=(z-1)\frac{1}{2\left(1+\frac{z-1}{2}\right)}$

$$=\frac{z-1}{2}\sum_{n=0}^{\infty}(-1)^n\left(\frac{z-1}{2}\right)^n$$

$$=\sum_{n=0}^{\infty}\frac{(-1)^n}{2^{n+1}}(z-1)^{n+1},|z-1|<2.$$

(4) $\frac{z}{z^2-2z+5}=\frac{z-1+1}{(z-1)^2+4}$

$$=\frac{1}{4}\left[\frac{z-1}{1+\left(\frac{z-1}{2}\right)^2}+\frac{1}{1+\left(\frac{z-1}{2}\right)^2}\right]$$

$$=\frac{1}{4}\left[\sum_{n=0}^{\infty}\frac{(-1)^n}{4^n}(z-1)^{2n+1}+\sum_{n=0}^{\infty}\frac{(-1)^n}{4^n}(z-1)^{2n}\right],|z-1|<2.$$

4.4.2 解析函数的零点

解析函数的零点

利用解析函数的泰勒展开式,可推出解析函数的一些更为深刻的性质,这一小节推出的性质对于实变函数来说是不成立的.

定义 4.6 设 $f(z)$在区域D内解析,点 $z_0\in D$, 若 $f(z_0)=0$,则称 z_0 为解析函数 $f(z)$的**零点**.

如果在$|z-z_0|<R$ 内 $f(z)$解析,且不恒为零,将 $f(z)$在 z_0 点展成幂级数,该幂级数必不全为 0,它必有系数不为零的项,即必有一自然数 $m(m>1)$, 使得

$$C_0=C_1=C_2=\cdots=C_{m-1}=0,\text{而 }C_m\neq 0,$$

也就是 $f(z_0)=f'(z_0)=\cdots=f^{(m-1)}(z_0)=0$,而 $f^{(m)}(z_0)\neq 0$.

满足上述条件的 m, 称为零点 z_0 的**阶数**, z_0 称为 $f(z)$的 $m(m>1)$ **阶零点**.

【例 4.6】 求 $\sin z-1$ 的全部零点,并指出它们的阶数.

解 由 $\sin z-1=0$,即 $e^{iz}-e^{-iz}=2i$, 或$(e^{iz}-i)^2=0$,$e^{iz}=i$ 得

$$z=\frac{\pi}{2}+2k\pi(k=0,\pm1,\pm2,\cdots).$$

这就是 $\sin z-1$ 的全部零点. 显然

$$(\sin z-1)'\Big|_{z=\frac{\pi}{2}+2k\pi}=\cos z\Big|_{z=\frac{\pi}{2}+2k\pi}=0,$$

$$(\sin z-1)''\Big|_{z=\frac{\pi}{2}+2k\pi}=-\sin z\Big|_{z=\frac{\pi}{2}+2k\pi}=-1.$$

故 $\sin z-1$ 的全部零点都是二阶零点.

【例 4.7】 设 $f(z)$在单连通区域D 内解析,$z_0\in D$, 若 z_0 是 $f(z)$的 m 阶零点,z_0 是函数

$$F(z)=\int_{z_0}^{z}f(\zeta)\mathrm{d}\zeta$$

的几阶零点?

解 因为

$$F'(z_0)=f(z_0)=0,\quad F''(z_0)=f'(z_0)=0,$$

$$F'''(z_0)=f''(z_0)=0,\quad F^{(m)}(z_0)=f^{(m-1)}(z_0)=0,$$

$$F^{(m+1)}(z_0)=f^{(m)}(z_0)\neq 0,$$

故 z_0 是 $F(z)$ 的 $m+1$ 阶零点.

定理 4.12　不恒为零的解析函数 $f(z)$ 以 z_0 为 m 阶零点的充要条件是

$$f(z)=(z-z_0)^m\varphi(z), \tag{4-12}$$

其中，$\varphi(z)$ 在 z_0 的邻域 $|z-z_0|<R$ 内解析，且 $\varphi(z_0)\neq 0$.

证明　(必要性) 由假设

$$\begin{aligned} f(z)&=\frac{f^{(m)}(z_0)}{m!}(z-z_0)^m+\frac{f^{(m+1)}(z_0)}{(m+1)!}(z-z_0)^{m+1}+\cdots \\ &=(z-z_0)^m\left[\frac{f^{(m)}(z_0)}{m!}+\frac{f^{(m+1)}(z_0)}{(m+1)!}(z-z_0)+\cdots\right]. \end{aligned}$$

由定理 4.8(1)，令 $\varphi(z)=\dfrac{f^{(m)}(z_0)}{m!}+\dfrac{f^{(m+1)}(z_0)}{(m+1)!}(z-z_0)+\cdots$，便得到式(4-12).

(充分性) 因为 $\varphi(z)$ 在 $|z-z_0|<R$ 内解析，且 $\varphi(z_0)\neq 0$，故 $\varphi(z)$ 可展成幂级数

$$\varphi(z)=C_m+C_{m+1}(z-z_0)+\cdots,$$

且 $C_m=\varphi(z_0)\neq 0$，将上式代入式(4-12) 得

$$f(z)=C_m(z-z_0)^m+C_{m+1}(z-z_0)^{m+1}+\cdots,$$

故 z_0 是 $f(z)$ 的 m 阶零点.

定理 4.13　若函数 $f(z)$ 在 $|z-z_0|<R$ 内解析且不恒为零，z_0 为其零点，则必存在 z_0 的一个邻域，使 $f(z)$ 在该邻域内无异于 z_0 的零点.

证明　设 z_0 是 $f(z)$ 的 m 阶零点，则

$$f(z)=(z-z_0)^m\varphi(z),$$

其中在 $|z-z_0|<R$ 内解析，且 $\varphi(z_0)\neq 0$，于是，$\varphi(z)$ 在点 z_0 连续，且存在 $\delta>0$，使在 $|z-z_0|<\delta$ 内 $\varphi(z)\neq 0$. 从而知 $f(z)$ 在 $|z-z_0|<\delta$ 内无其他零点.

此定理说明：不恒为零的解析函数的零点必是孤立的.

定理 4.14　设 $p(z)$，$q(z)$ 在区域 D 内解析，$z_0\in D$，$z_n\in D$，$z_n\neq z_0(n=1,2,\cdots)$，且 $\lim\limits_{n\to\infty}z_n=z_0$，若 $p(z_n)=q(z_n)(n=1,2,\cdots)$，则 $p(z)$ 和 $q(z)$ 在 D 内恒等.

证明　令 $f(z_n)=p(z_n)-q(z_n)$，$z_n\in D$，则 $f(z_n)=0(n=1,2,\cdots)$，$f(z)$ 在 D 解析，只需证 $f(z)$ 在 D 恒为零.

(1) 若 D 是以 z_0 为中心的圆域，或 D 就是整个 z 平面，因 $f(z)$ 在 z_0 连续，且 $f(z_n)=0$，令 $n\to\infty$ 得 $f(z_0)=0$，故 z_0 是 $f(z)$ 的 一个非孤立零点，由定理 4.13，得 $f(z)$ 在 D 恒为零.

(2) 对一般区域 D，设 b 是 D 内任意取定的一点，在 D 内作连接 z_0 及 b 的 折线 L，以 d 表示 L 与 D 的边界 C 的最短距离. 在 L 上依次取点 $a_0=z_0,a_1,a_2,\cdots,a_{n-1},a_n=b$，并设相邻两点

间的距离小于定数 $R(0<R<d)$，如图 4-2 所示.

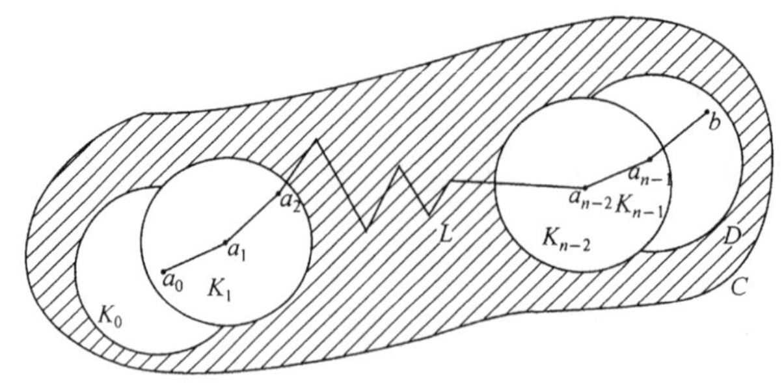

图 4-2

显然，由(1)，在圆K_0：$|z-a_0|<R$内，$f(z)\equiv 0$；在圆K_1：$|z-a_1|<R$内，$f(z)\equiv 0$；如此继续下去，直到含有 b 的圆K_n 内，$f(z)\equiv 0$，特别地，有 $f(b)=0$. 由于 b 是 D 内任意的点，故在 D 内，$f(z)\equiv 0$.

该定理表明，在区域 D 内，若两个解析函数在一个以 z_0 为极限的点列上取值相同，则它们在 D 内恒等. 换句话说，只要在一个含有属于 D 的极限点的点集上确定了解析函数的值，那么它在整个 D 上的值也被唯一确定.

作为定理 4.14 的特殊情况，若在区域 D 内的一段曲线或直线段，或一个子区域上有两个解析函数恒等，则它们在 D 上也恒等.

据此定理可知，**在实轴上成立的恒等式，只要恒等式的两边在 z 平面上是解析的，那么它在 z 平面上也成立.**

【例 4.8】 若函数 $u(x,y)+\mathrm{i}v(x,y)$ 及 $u(z,0)+\mathrm{i}v(z,0)$ 都在含有实轴的一段 L 的区域 D 上解析，则在 D 内成立

$$u(x,y)+\mathrm{i}v(x,y)=u(z,0)+\mathrm{i}v(z,0).$$

据此可将满足上述条件的解析函数 $u(x,y)+\mathrm{i}v(x,y)$ 化成 z 的函数（令 $y=0,x=z$）$u(z,0)+\mathrm{i}v(z,0)$. 如

(1) $f(z)=\mathrm{e}^x(x\cos y-y\sin y)+\mathrm{i}\mathrm{e}^x(y\cos y+x\sin y)$

$=\mathrm{e}^z(z-0)+\mathrm{i}\mathrm{e}^z(0+0)=z\mathrm{e}^z$；

(2) $f(z)=y^3-3x^2y+\mathrm{i}(x^3-3y^2)+\mathrm{i}C=\mathrm{i}(z^3+C)$（$C$ 为常数）.

4.5　洛朗级数

4.5.1　圆环内解析函数的洛朗展开式

为考察在圆环内解析函数的一种级数表示式，我们先考察下面的两端幂级数：

$$C_0+C_1(z-z_0)+C_2(z-z_0)^2+\cdots+\frac{C_{-1}}{(z-z_0)}+\frac{C_{-2}}{(z-z_0)^2}+\cdots+\frac{C_{-n}}{(z-z_0)^n}+\cdots.$$

把上式写成

$$\sum_{n-\infty}^{\infty}C_n(z-z_0)^n=\sum_{n=0}^{\infty}C_n(z-z_0)^n+\sum_{n=1}^{\infty}C_{-n}(z-z_0)^{-n}. \tag{4-13}$$

设式(4-13)中的第一个幂级数在其收敛圆域$|z-z_0|<R(0<R\leqslant+\infty)$内收敛于解析函数$\varphi(z)$.

对式(4-13)中的第二个级数，令

$$\zeta=\frac{1}{z-z_0},$$

则它成为幂级数$\sum\limits_{n=1}^{\infty}C_{-n}\zeta^n$，设它在其收敛圆域$|\zeta|<\frac{1}{r}\left(0<\frac{1}{r}\leqslant+\infty\right)$内收敛于一个解析函数$g(\zeta)$，则式(4-13)中的第二个级数在$|z-z_0|>r(0\leqslant r<+\infty)$内收敛于解析函数

$$g\left(\frac{1}{z-z_0}\right)=\psi(z).$$

于是，如果$0\leqslant r<R\leqslant+\infty$，则两端幂级数(4-13)在圆环$H:r<|z-z_0|<R$内绝对且内闭一致收敛于一个解析函数$f(z)=\varphi(z)+\psi(z)$. 还可对

$$f(z)=\sum_{n=\infty}^{\infty}C_n(z-z_0)^n$$

在H内逐项求导k次$(k=1,2,\cdots)$.

下面再考察把在圆环内的解析函数展成两端幂级数的问题.

定理 4.15　设函数$f(z)$在圆环$H:r<|z-z_0|<R(r>0,R\leqslant+\infty)$内解析，则$f(z)$在$H$内可展成两端幂级数

$$f(z)=\sum_{n-\infty}^{\infty}C_n(z-z_0)^n, \tag{4-14}$$

其中

$$C_n=\frac{1}{2\pi i}\int_C \frac{f(\zeta)}{(\zeta-z_0)^{n+1}}d\zeta \quad (n=0,\pm1,\pm2,\cdots), \tag{4-15}$$

这里 C:$|\zeta-z_0|=\rho(r<\rho<R)$,并且展开式是唯一的.

证明　对 H 内的任一点 z,总有位于 H 内的两圆周:

$$C_1:|\zeta-z_0|=\rho_1, C_2:|\zeta-z_0|=\rho_2,$$

使 z 含在圆环 $\rho_1<|\zeta-z_0|<\rho_2$ 内(见图 4-3). 因 $f(z)$ 在闭圆环 $\rho_1\leqslant|\zeta-z_0|\leqslant\rho_2$ 内解析,由柯西公式,有

$$f(z)=\frac{1}{2\pi i}\left[\int_{C_2}\frac{f(\zeta)}{\zeta-z}d\zeta-\int_{C_1}\frac{f(\zeta)}{\zeta-z}d\zeta\right],$$

或写成

$$f(z)=\frac{1}{2\pi i}\left[\int_{C_2}\frac{f(\zeta)}{\zeta-z}d\zeta+\int_{C_1}\frac{f(\zeta)}{z-\zeta}d\zeta\right]. \tag{4-16}$$

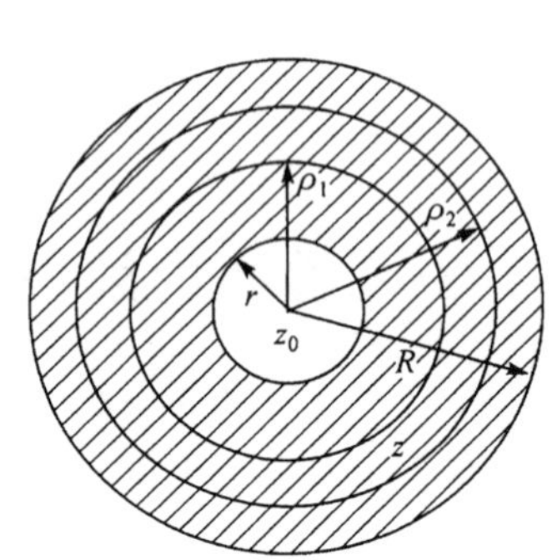

图 4-3

式(4-16) 中的第一个积分可仿照定理 4.9 中的证明的相应部分而得出

$$\frac{1}{2\pi i}\int_{C_2}\frac{f(\zeta)}{\zeta-z}d\zeta=\sum_{n=0}^{\infty}C_n(z-z_0)^n, \tag{4-17}$$

$$C_n=\frac{1}{2\pi i}\int_{C_2}\frac{f(\zeta)}{(\zeta-z_0)^{n+1}}d\zeta \quad (n=0,1,2,\cdots). \tag{4-18}$$

对式(4-16) 中的第二个积分,有

$$\frac{f(\zeta)}{z-\zeta}=\frac{f(\zeta)}{(z-z_0)-(\zeta-z_0)}=\frac{f(\zeta)}{z-z_0}\frac{1}{1-\dfrac{\zeta-z_0}{z-z_0}},$$

于是 $\dfrac{f(\zeta)}{z-\zeta}$ 可展成一致收敛幂级数

$$\frac{f(\zeta)}{z-\zeta}=\frac{f(\zeta)}{z-z_0}\sum_{n=1}^{\infty}\left(\frac{\zeta-z_0}{z-z_0}\right)^{n-1}.$$

沿 C_1 逐项积分后再以 $\dfrac{1}{2\pi i}$ 乘两端便得

$$\frac{1}{2\pi i}\int_{C_1}\frac{f(\zeta)}{z-\zeta}d\zeta=\sum_{n=1}^{\infty}\frac{C_{-n}}{(z-z_0)^n}, \tag{4-19}$$

其中

$$C_{-n}=\frac{1}{2\pi i}\int_{C_1}\frac{f(\zeta)}{(\zeta-z_0)^{-n+1}}d\zeta \quad (n=1,2,\cdots). \tag{4-20}$$

于是

$$f(z)=\sum_{n=0}^{\infty}C_n(z-z_0)^n+\sum_{n=1}^{\infty}\frac{C_{-n}}{(z-z_0)^n}=\sum_{n=\infty}^{\infty}C_n(z-z_0)^n.$$

再由式(4-18) 及式(4-20) 并根据柯西积分定理(定理 3.8),对任意的圆周 C:$|\zeta-z_0|=$

$\rho(r<\rho<R)$ 有

$$C_n=\frac{1}{2\pi i}\int_{C_2}\frac{f(\zeta)}{(\zeta-z_0)^{n+1}}d\zeta=\frac{1}{2\pi i}\int_{C}\frac{f(\zeta)}{(\zeta-z_0)^{n+1}}d\zeta\quad(n=0,1,2,\cdots),$$

$$C_{-n}=\frac{1}{2\pi i}\int_{C_1}\frac{f(\zeta)}{(\zeta-z_0)^{-n+1}}d\zeta=\frac{1}{2\pi i}\int_{C}\frac{f(\zeta)}{(\zeta-z_0)^{-n+1}}d\zeta\quad(n=1,2,\cdots).$$

故系数可以统一表示为式(4-15).

再证展开式是唯一的. 设 $f(z)$ 在 H 内又可展成

$$f(z)=\sum_{n=\infty}^{\infty}C'_n(z-z_0)^n,$$

因级数在圆 $C:|z-z_0|=\rho(r<\rho<R)$ 上一致收敛，乘以沿 C 上的有界函数 $\frac{1}{(z-z_0)^{m+1}}$ 后，仍然一致收敛，故可逐项积分

$$\int_C\frac{f(\zeta)}{(\zeta-z_0)^{m+1}}d\zeta=\sum_{n=\infty}^{\infty}C'_n\int_C(\zeta-z_0)^{n-m-1}d\zeta=2\pi iC'_m,$$

故 $C'_m=\frac{1}{2\pi i}\int_C\frac{f(\zeta)}{(\zeta-z_0)^{m+1}}d\zeta(m=0,\pm1,\cdots)$. 从而得

$$C'_m=C_m,m=0,\pm1,\cdots.$$

式(4-14) 称为 $f(z)$ 在点 z_0 的**洛朗(Laurent) 展开式**，右边的级数称为**洛朗级数**，式(4-15) 称为 $f(z)$ 在点 z_0 的**洛朗系数**.

当 $f(z)$ 在点 z_0 解析时，中心在 z_0，半径为由 z_0 到 $f(z)$ 的最近奇点的距离的圆域，可看成圆环的特殊情况，在其中可以作出洛朗级数. 根据柯西积分定理，展开式的系数 $C_{-n}(n=1,2,\cdots)$ 都等于 0，$C_n(n=0,1,2,\cdots)$ 就成为

$$C_n=\frac{f^{(n)}(z_0)}{n!}\quad(n=0,1,2,\cdots).$$

洛朗级数就转化为泰勒级数. 因此泰勒级数是洛朗级数的特殊情形. 但就一般说，式(4-18) 中的 C_n 并不等于 $\frac{f^{(n)}(z_0)}{n!}(n=0,1,2,\cdots)$.

【例 4.9】 求函数 $f(z)=\frac{1}{(z-1)(z-2)}$ 在下列各圆环内的洛朗展开式：

(1) $1<|z|<2$；　　(2) $0<|z-1|<1$；

(3) $1<|z-1|<+\infty$；　　(4) $1<|z-2|<+\infty$.

解　(1) 解法 1：设 $C:|z|=\rho$，其中 ρ 满足：$1<\rho<2$，$n=0,1,2,\cdots$ 时，

$$C_n=\frac{1}{2\pi i}\int_C\frac{f(z)}{z^{n+1}}dz=\frac{1}{2\pi i}\int_C\frac{dz}{z^{n+1}(z-1)(z-2)}.$$

因 $\frac{1}{z^{n+1}(z-1)(z-2)}$ 在 $|z|<\rho$ 内有两个奇点 $z=0,z=1$，故需在 $|z|<\rho$ 内作两个互无公共点的小圆周 $C_1:|z|=r_1$ 及 $C_2:|z-1|=r_2$，则

$$C_n=\frac{1}{2\pi i}\int_{C_1}\frac{\frac{1}{(z-1)(z-2)}}{z^{n+1}}dz+\frac{1}{2\pi i}\int_{C_2}\frac{\frac{1}{z^{n+1}(z-2)}}{(z-1)}dz$$

$$=\frac{1}{n!}\left[\frac{1}{(z-1)(z-2)}\right]^{(n)}\Bigg|_{z=0}+\frac{1}{z^{n+1}(z-2)}\Bigg|_{z=1}$$

$$=\frac{1}{n!}\left[\left(\frac{1}{z-2}\right)^{(n)}-\left(\frac{1}{z-1}\right)^{(n)}\right]\Bigg|_{z=0}-1$$

$$=\frac{1}{n!}\left[\frac{(-1)^n n!}{(z-2)^{n+1}}-\frac{(-1)^n n!}{(z-1)^{n+1}}\right]\Bigg|_{z=0}-1$$

$$=-\frac{1}{2^{n+1}}+1-1=-\frac{1}{2^{n+1}},n=0,1,2,\cdots.$$

当 $n=1,2,\cdots$ 时，

$$C_{-n}=\frac{1}{2\pi i}\int_C\frac{f(z)}{z^{-n+1}}dz=\frac{1}{2\pi i}\int_C\frac{\frac{1}{z^{-n+1}(z-2)}}{(z-1)}dz=-1.$$

故在 $1<|z|<2$ 内

$$f(z)=-\sum_{n=0}^{\infty}\frac{z^n}{2^{n+1}}-\sum_{n=1}^{\infty}z^{-n}.$$

解法 2:(1) 在 $1<|z|<2$ 内,有

$$f(z)=\frac{1}{z-2}-\frac{1}{z-1}=\frac{-1}{2\left(1-\frac{z}{2}\right)}-\frac{1}{z\left(1-\frac{1}{z}\right)}$$

$$=-\sum_{n=0}^{\infty}\frac{z^n}{2^{n+1}}-\sum_{n=0}^{\infty}\frac{1}{z^{n+1}}=-\sum_{n=0}^{\infty}\frac{z^n}{2^{n+1}}-\sum_{n=1}^{\infty}z^{-n}.$$

(2) 在 $0<|z-1|<1$ 内,有

$$f(z)=\frac{1}{z-2}-\frac{1}{z-1}=\frac{1}{z-1-1}-\frac{1}{z-1}$$

$$=\frac{-1}{1-(z-1)}-\frac{1}{z-1}=-\sum_{n=0}^{\infty}(z-1)^n-\frac{1}{z-1}.$$

(3) 当 $1<|z-1|<+\infty$ 时,有

$$f(z)=\frac{1}{z-2}-\frac{1}{z-1}=\frac{1}{z-1-1}-\frac{1}{z-1}$$

$$=\frac{1}{(z-1)\left(1-\frac{1}{z-1}\right)}-\frac{1}{z-1}=\sum_{n=0}^{\infty}\frac{1}{(z-1)^{n+1}}-\frac{1}{z-1}$$

$$=\sum_{n=1}^{\infty}\frac{1}{(z-1)^{n+1}}.$$

(4) 当 $1<|z-2|<+\infty$ 时,

$$f(z)=\frac{1}{z-2}-\frac{1}{z-1}=\frac{1}{z-2}-\frac{1}{z-2+1}$$

$$=\frac{1}{z-2}-\frac{1}{(z-2)\left(1+\frac{1}{z-2}\right)}$$

$$=\frac{1}{z-2}-\sum_{n=0}^{\infty}\frac{(-1)^n}{(z-2)^{n+1}}=\sum_{n=0}^{\infty}\frac{(-1)^n}{(z-2)^{n+2}}.$$

【例 4.10】 求 $f(z)=z^2\cos\frac{1}{z}$ 在 $0<|z|<+\infty$ 内的洛朗展开式.

解 $f(z)=z^2\left(1-\frac{1}{2!z^2}+\frac{1}{4!z^4}+\cdots\right)=z^2-\frac{1}{2!}+\frac{1}{4!}\frac{1}{z^2}+\cdots,0<|z|<+\infty.$

4.5.2 利用洛朗展开式讨论孤立奇点

定义 4.7 若 z_0 是 $f(z)$的奇点，$f(z)$在 z_0 的某个邻域内除 z_0 点外再无其他奇点，则称 z_0 为 $f(z)$的**孤立奇点**.

若z_0 是 $f(z)$的孤立奇点，则必存在$R>0$，使得 $f(z)$在$0<|z-z_0|<R$内解析，因此，在圆环 $0<|z-z_0|<R$ 内，有

$$f(z)=\sum_{n=0}^{\infty}C_n(z-z_0)^n+\sum_{n=1}^{\infty}C_{-n}(z-z_0)^{-n},\tag{4-21}$$

其中

$$C_n=\frac{1}{2\pi i}\int_C\frac{f(\zeta)}{(\zeta-z_0)^{n+1}}d\zeta\quad(n=0,\pm1,\cdots),$$

C：$|\zeta-z_0|=\rho(0<\rho<R)$为$0<|z-z_0|<R$内的任一个圆周. 式(4-21)中的第一个级数称为 $f(z)$在 z_0 的**解析部分**，第二个级数称为 $f(z)$在 z_0 的**主要部分**.

定义 4.8 设 z_0 是 $f(z)$的孤立奇点，则

(1) 若 $C_{-n}(n=1,2,\cdots)=0$，即 $f(z)$在z_0 的 主要部分为零，则称 z_0 为 $f(z)$的可去奇点；

(2) 若存在一个自然数 m，使得 $C_{-m}\neq0$，而当 $n>m$ 时，$C_{-n}=0$，即 $f(z)$在z_0 的主要部分只有有限多项，则称 z_0 是 $f(z)$的极点，且称为 m 阶极点；

(3) 若 $f(z)$在 z_0 的主要部分有无穷多项，则称 z_0 为 $f(z)$的本性奇点.

【例 4.11】 判定下列函数的孤立奇点的类型.

(1) $\frac{\sin z}{z}$；　　(2) $\frac{\sin z}{z^2}$；　　(3) $\frac{\sin z}{z^4}$.

解 (1) 因$\frac{\sin z}{z}=\sum_{n=0}^{\infty}\frac{(-1)^nz^{2n}}{(2n+1)!}$，$0<|z|<+\infty$，故 $z=0$ 是$\frac{\sin z}{z}$ 的可去奇点.

(2) 因$\frac{\sin z}{z^2}=\sum_{n=0}^{\infty}\frac{(-1)^nz^{2n-1}}{(2n+1)!}=\frac{1}{z}-\frac{z}{3!}+\frac{z^3}{5!}\cdots$，$0<|z|<+\infty$，故 $z=0$ 是$\frac{\sin z}{z^2}$ 的一阶极点.

(3) 因$\frac{\sin z}{z^4}=\sum_{n=0}^{\infty}\frac{(-1)^n z^{2n-3}}{(2n+1)!}=\frac{1}{z^3}-\frac{1}{3!z}+\frac{z}{5!}-\cdots$，$0<|z|<+\infty$，故$z=0$是$\frac{\sin z}{z^4}$的三阶极点.

【例 4.12】 判定函数$e^{\frac{1}{z-1}}$的孤立点的类型.

解 因为$e^{\frac{1}{z-1}}=\sum_{n=0}^{\infty}\frac{1}{n!}\left(\frac{1}{z-1}\right)^n=1+\frac{1}{z-1}+\frac{1}{2(z-1)^2}+\cdots$，$0<|z-1|<+\infty$，

故$z=1$是$e^{\frac{1}{z-1}}$的本性奇点.

【例 4.13】 判定函数$\frac{1}{(z-1)(z-2)}$在$0<|z-1|<1$区域内的极点及其阶数.

解 因为在$0<|z-1|<1$内，有

$$\frac{1}{(z-1)(z-2)}=\frac{1}{z-2}-\frac{1}{z-1}=\frac{-1}{1-(z-1)}-\frac{1}{z-1}=-\frac{1}{z-1}-\sum_{n=0}^{\infty}(z-1)^n,$$

故$z=1$是$\frac{1}{(z-1)(z-2)}$的一阶极点.

以下分别给出上述三类孤立奇点的特征.

如果z_0是$f(z)$的可去奇点，则有

$$f(z)=C_0+C_1(z-z_0)+C_2(z-z_0)^2+\cdots,\quad 0<|z-z_0|<R,$$

上式右端表示在$|z-z_0|<R$内的解析函数；若令$f(z_0)=C_0$，则$f(z)$在$|z-z_0|<R$内与一个解析函数重合. 这就是称z_0为$f(z)$的可去奇点的由来.

定理 4.16 若z_0是$f(z)$的孤立奇点，则下列三个条件是等价的：

(1)z_0为$f(z)$的可去奇点；

(2) $\lim\limits_{z\to z_0}f(z)=b(\neq\infty)$；

(3)$f(z)$在z_0的某个邻域$0<|z-z_0|<\delta$内有界.

证明 (1) 推出(2). 由(1)知

$$f(z)=C_0+C_1(z-z_0)+\cdots,\quad 0<|z-z_0|<R,$$

于是$\lim\limits_{z\to z_0}f(z)=C_0(\neq\infty)$.

(2) 推出(3). 由(2)，对任给的$\varepsilon>0$，存在$\delta>0$，使得当$0<|z-z_0|<\delta$时，恒有

$$|f(z)-b|<\varepsilon,$$

从而

$$|f(z)|-|b|<\varepsilon\Rightarrow|f(z)|<|b|+\varepsilon.$$

(3) 推出(1). 设$f(z)$在某个$0<|z-z_0|<\delta$内以M为界，$f(z)$在z_0的主要部分为

$$\frac{C_{-1}}{z-z_0}+\frac{C_{-2}}{(z-z_0)^2}+\cdots+\frac{C_{-n}}{(z-z_0)^n}+\cdots,$$

其中，$C_{-n}=\frac{1}{2\pi i}\int_C\frac{f(\zeta)}{(\zeta-z_0)^{-n+1}}d\zeta(n=1,2,\cdots)$，$C:|\zeta-z_0|=\rho$，$\rho$可充分小. 于是由

$$|C_{-n}|=\left|\frac{1}{2\pi\mathrm{i}}\int_C \frac{f(\zeta)}{(\zeta-z_0)^{-n+1}}\mathrm{d}\zeta\right|\leqslant\frac{1}{2\pi}\frac{M}{\rho^{n+1}}2\pi\rho=M\rho^n$$

知，当 $n=1,2,\cdots$ 时，$C_{-n}=0$，即 $f(z)$ 在点 z_0 的主要部分为零.

定理 4.16 中的任何一条都是可去奇点的特征.

【例 4.14】 判定函数 $f(z)=\dfrac{z}{z+\sin z}$ 在 $z=0$ 的奇点类型.

解　$f(z)=\dfrac{z}{z+\sin z}$，$z=0$ 是 $f(z)$ 的一个孤立奇点，因为

$$\lim_{z\to 0}\frac{z}{z+\sin z}=\lim_{z\to 0}\frac{1}{1+\cos z}=\frac{1}{2},$$

故 $z=0$ 是 $f(z)$ 的可去奇点.

定理 4.17　设 z_0 是 $f(z)$ 的孤立奇点，则下列三个条件是等价的：

(1) $f(z)$ 在点 z_0 的主要部分为

$$\frac{C_{-m}}{(z-z_0)^m}+\frac{C_{-(m-1)}}{(z-z_0)^{m-1}}+\cdots+\frac{C_{-1}}{z-z_0}\quad(C_{-m}\neq 0);$$

(2) 存在 $\delta>0$，使得在 $0<|z-z_0|<\delta$ 内 $f(z)$ 可表示为

$$f(z)=\frac{\lambda(z)}{(z-z_0)^m},\tag{4-22}$$

其中，$\lambda(z)$ 在 z_0 点邻域内解析，且 $\lambda(z_0)\neq 0$；

(3) $g(z)=\dfrac{1}{f(z)}$ 以 z_0 为 m 阶零点[可去奇点看作解析点，只要令 $g(z_0)=0$].

证明　(1) 推出(2). 设存在 $R>0$，使在 $0<|z-z_0|<R$ 内有

$$\begin{aligned}f(z)&=\frac{C_{-m}}{(z-z_0)^m}+\frac{C_{-(m-1)}}{(z-z_0)^{m-1}}+\cdots+\frac{C_{-1}}{z-z_0}+C_0+C_1(z-z_0)+\cdots\\&=\frac{1}{(z-z_0)^m}[C_{-m}+C_{-(m-1)}(z-z_0)+\cdots]=\frac{\lambda(z)}{(z-z_0)^m},\end{aligned}$$

其中，$\lambda(z)$ 在 $|z-z_0|<R$ 内解析，且 $\lambda(z_0)=C_{-m}\neq 0$.

(2) 推出(3). 若(2) 成立，则在某个 $0<|z-z_0|<R$ 内，有

$$g(z)=\frac{1}{f(z)}=\frac{(z-z_0)^m}{\lambda(z)},$$

其中 $\dfrac{1}{\lambda(z)}$ 在 $|z-z_0|<R$ 内解析，且 $\dfrac{1}{\lambda(z_0)}\neq 0$，因此，$z_0$ 是 $g(z)$ 的可去奇点，作为解析点看，只要令 $g(z_0)=0$，则 z_0 是 $g(z)$ 的 m 阶零点.

(3) 推出(1). 若 $g(z)=\dfrac{1}{f(z)}$ 以 z_0 为 m 阶零点，则在点 z_0 的某个邻域内，有

$$g(z)=(z-z_0)^m\varphi(z),$$

其中 $\varphi(z)$ 在此邻域内解析，且 $\varphi(z_0)\neq 0$，于是

$$f(z)=\frac{1}{(z-z_0)^m}\frac{1}{\varphi(z)}.$$

因$\frac{1}{\varphi(z)}$在点z_0的某个邻域内解析,在此邻域内,将$\frac{1}{\varphi(z)}$展开为幂级数,令

$$\frac{1}{\varphi(z)}=C_{-m}+C_{-(m-1)}(z-z_0)+\cdots,$$

则$f(z)$在 点z_0的主要部分是

$$\frac{C_{-m}}{(z-z_0)^m}+\frac{C_{-(m-1)}}{(z-z_0)^{m-1}}+\cdots+\frac{C_{-1}}{z-z_0}\quad\left[C_{-m}=\frac{1}{\varphi(z_0)}\neq 0\right].$$

定理4.17中的任何一个条件都是m阶极点的特征.下述定理也能说明极点特征,但不能指明极点的阶.

定理4.18 $f(z)$的孤立奇点z_0为极点的充要条件是

$$\lim_{x\to x_0}f(z)=\infty.$$

证明 $f(z)$以z_0为极点的充要条件是$\frac{1}{f(z)}$以z_0为零点,据此知定理为真.

【例4.15】 求下列函数的孤立奇点,并指出类型,若是极点则指出阶数.

(1)$f(z)=\frac{e^z}{z}$; (2)$f(z)=\frac{1}{1+e^z}$.

解 (1)$f(z)=\frac{e^z}{z}=\frac{1}{z}e^z$,由定理4.17(2),$z=0$为$f(z)$的一阶极点.

(2)$1+e^z=0$,即$e^z=-1=e^{i\pi+i2k\pi}(k=0,\pm1,\cdots)$,故函数的所有孤立奇点为

$$z=(2k+1)\pi i\quad(k=0,\pm1,\cdots).$$

因$\lim\limits_{z\to i\pi+2k\pi i}\frac{1}{1+e^z}=\infty$,由定理4.18知,$z=(2k+1)\pi i(k=0,\pm1,\cdots)$都是极点.

令$g(z)=\frac{1}{f(z)}=1+e^z$,又$g'(z)=(1+e^z)'|_{z=\pi i+2k\pi i}=e^z|_{z=\pi i+2k\pi i}=-1\neq 0$,故$(2k+1)\pi i(k=0,\pm1,\cdots)$是$g(z)$的一阶零点,由定理4.17(3),$(2k+1)\pi i(k=0,\pm1,\cdots)$都是$\frac{1}{1+e^z}$的一阶极点.

定理4.19 $f(z)$的孤立奇点z_0为本性奇点的充要条件是

$$\lim_{z\to z_0}f(z)\neq\begin{cases}b(\text{有限数}),\\ \infty.\end{cases}$$

此定理可由定理4.16和定理4.18得到证明、

下面讨论无穷远点的情形.

定义4.9 设$f(z)$在$0\leqslant r<|z|<+\infty$内解析,则称点∞为$f(z)$的孤立奇点.

设∞为$f(z)$的孤立奇点,利用变换$\zeta=\frac{1}{z}$,有

$$f(z)=\varphi(\zeta)=f\left(\frac{1}{\zeta}\right), \tag{4-23}$$

则 $\varphi(\zeta)$在 $0<|\zeta|<\frac{1}{r}$(若 $r=0$，规定$\frac{1}{r}=+\infty$) 内解析. $\zeta=0$ 是 $\varphi(\zeta)$的一个孤立奇点. 据此有：

(1) 扩充复平面上无穷远点的 $0\leqslant r<|z|<+\infty$圆环，对应扩充 ζ 平面的圆环：$0<|\zeta|<\frac{1}{r}$；

(2) 在对应点 z 与 ζ 上，函数 $f(z)$与 $\varphi(\zeta)$的值相等；

(3) $\lim\limits_{z\to\infty}f(z)=\lim\limits_{\zeta\to 0}\varphi(\zeta)$.

据此，我们自然地由 $\varphi(\zeta)$在原点的状态来规定 $f(z)$在无穷远点的状态. 于是有如下定义.

定义 4.10　若 $\zeta=0$ 为 $\varphi(\zeta)$的可去奇点(解析点)、m 阶极点或本性奇点，则相应地称$z=\infty$ 是 $f(z)$的可去奇点(解析点)、m 阶极点或本性奇点.

设在 $0<|\zeta|<\frac{1}{r}$ 内，$\varphi(\zeta)$展成洛朗级数

$$\varphi(\zeta)=\sum_{n=-\infty}^{\infty}C_n\zeta^n,$$

令 $\zeta=\frac{1}{z}$，并由式(4-23) 知

$$f(z)=\sum_{n-\infty}^{\infty}b_nz^n, \tag{4-24}$$

其中，$b_n=C_{-n}(n=0,\pm 1,\cdots)$. 式(4-24) 为 $f(z)$在圆环：$0\leqslant r<|z|<+\infty$内的洛朗展开式.

对应 $\varphi(\zeta)$在 $\zeta=0$ 的主要部分，称

$$\sum_{n=1}^{\infty}b_nz^n$$

为 $f(z)$在 $z=\infty$的主要部分.

从以上性质(1)，(2)，(3) 及上述定义可得出如下定理.

定理 4.20　$f(z)$的孤立奇点 $z=\infty$为可去奇点的充要条件是下列三条中任何一条成立：

(1) $f(z)$在 $z=\infty$的主要部分为零；

(2) $\lim\limits_{x\to\infty}f(z)=b(\neq\infty)$；

(3) 在某个圆环 $|z|>r$ 内，$f(z)$有界.

定理 4.21　$f(z)$的孤立奇点 $z=\infty$为 m 阶极点的充要条件是下列三条中任何一条成立：

(1) $f(z)$在 $z=\infty$的主要部分为

$$b_1z+b_2z^2+\cdots+b_mz^m\quad(b_m\neq 0);$$

(2) $f(z)$在某个圆环：$0\leqslant r<|z|<+\infty$内能表示为

$$f(z)=z^m\mu(z), \tag{4-25}$$

其中，$\mu(z)$在 $|z|>r$ 内解析，但 $\mu(\infty)\neq 0$；

(3) $g(z)=\dfrac{1}{f(z)}$ $z=\infty$ 为 m 阶零点[只要令 $g(\infty)=0$].

定理 4.22 $f(z)$ 的孤立奇点 $z=\infty$ 为极点的充要条件是 $\lim\limits_{z\to\infty}f(z)=\infty$.

定理 4.23 $f(z)$ 的孤立奇点 $z=\infty$ 为本性奇点的充要条件是下列两条中的任何一条成立：

(1) $f(z)$ 在 $z=\infty$ 的主要部分有无穷项正幂不等于零；

(2) $\lim\limits_{z\to\infty}f(z)$ 不存在[即当 z 趋向于 ∞ 时，$f(z)$ 不趋向任何有限或无限极限].

习题 4

1. 判别下列级数的敛散性：

(1) $\sum\limits_{n=1}^{\infty}\dfrac{i^n}{n}$；　(2) $\sum\limits_{n=1}^{\infty}\dfrac{1}{(1+i)^{2n}}$；

(3) $\sum\limits_{n=1}^{\infty}\dfrac{(3+5i)^n}{n!}$；　(4) $\sum\limits_{n=1}^{\infty}\left(\dfrac{1+5i}{2}\right)^n$.

2. 将下列函数展开成 z 的幂级数，并指出展开式成立的范围.

(1) $\cos z^2$；　(2) $\dfrac{1}{(1+z^2)^2}$；

(3) $\int_0^z e^2\mathrm{d}z$；　(4) $\int_0^z \dfrac{\sin z}{z}\mathrm{d}z$.

3. 将下列函数展开成 $(z-z_0)$ 的幂级数，并指出展开式成立的范围.

(1) $\dfrac{z-1}{z+1}, z_0=1$；　(2) $\dfrac{1}{z^2}, z_0=-1$；

(3) $\dfrac{1}{4-3z}, z_0=1+i$；　(4) $\dfrac{1}{(z+1)(z+2)}, z_0=2$；

(5) $\dfrac{2}{z^2-2z+5}, z_0=1$；　(6) $\sin z, z_0=1$.

4. 把下列在 z 平面上解析的函数化为 z 的一元函数.

(1) $x^3-3xy^2+i(3x^2y-y^3)$；

(2) $e^x(x\cos y-y\sin y)+ie^x(y\cos y+x\sin y)$.

5. 把下列函数在指定的圆环内展开成洛朗级数.

(1) $\dfrac{1}{(z^2+1)(z-2)}, 1<|z|<2$；

(2) $\dfrac{1}{z(1-z)^2}$，(a)$0<|z|<1$，(b)$0<|z-1|<1$；

(3)$e^{\frac{1}{1-z}}$，$0<|z-1|<+\infty$；

(4)$\sin\dfrac{1}{1-z}$，$0<|z-1|<+\infty$；

(5) $\dfrac{1}{z^2(z-i)}$，$0<|z-i|<1$.

6. 证明：对任何复数 z，有 $|e^z-1|\leqslant e^{|z|}-1\leqslant |z|e^{|z|}$.

7. 证明：若幂级数 $\sum\limits_{n=0}^{\infty}C_nz^n$ 的收敛半径为 R，则级数

$$\sum_{n=0}^{\infty}(\mathrm{Re}\,C_n)z^n$$

的收敛半径大于 R.

8. 利用级数

$$\sum_{n=0}^{\infty}z^n=\frac{1}{1-z},\ |z|<1$$

证明：实三角级数

$$\sum_{n=0}^{\infty}r^n\cos n\theta=\frac{1-r\cos\theta}{1-2r\cos\theta+r^2},\quad 0<r<1,$$

$$\sum_{n=0}^{\infty}r^n\sin n\theta=\frac{r\sin\theta}{1-2r\cos\theta+r^2},\quad 0<r<1.$$

(提示：令 $z=re^{i\theta}$，$0<r<1$).

9. 下列函数有哪些奇点，如果是极点，指出它的阶数.

(1) $\dfrac{1}{z(z^2+1)^2}$；

(2) $\dfrac{1}{z^3-z^2-z+1}$；

(3) $\dfrac{\ln(z+1)}{z}$；

(4) $\dfrac{z^{2n}}{1+z^n}$，n 是自然数；

(5) $\dfrac{1}{\sin z^2}$；

(6) $\dfrac{1}{(1+z^2)(1+e^{\pi z})}$.

10. 设 $f(z)$ 在区域 D 内解析，且在 D 内某一点 z_0 有

$$f^{(n)}(z_0)=0,n=1,2,\cdots,$$

试证：$f(z)$ 在 D 内必恒为常数.

11. 回答下列问题，并说明理由.

(1) 幂级数

$$\sum_{n=0}^{\infty}C_n(z-2)^n$$

能否在 $z=0$ 收敛，而在 $z=3$ 发散？

(2) 用长除法得

$$\frac{z}{1-z}=z+z^2+z^3+\cdots,\frac{z}{z-1}=1+\frac{1}{z}+\frac{1}{z^2}+\frac{1}{z^3}+\cdots.$$

因为

$$\frac{z}{1-z}+\frac{z}{z-1}=0,$$

所以

$$\cdots+\frac{1}{z^3}+\frac{1}{z^2}+\frac{1}{z}+1+z+z^2+z^3+\cdots=0.$$

这种说法对吗?

(3) $f(z)=\left(\cos\frac{1}{z-1}\right)^{-1}$ 在 $z=1$ 能否展开成洛朗级数?

(4) 设函数 $\varphi(z),\psi(z)$ 分别以 $z=a$ 为 m 阶与 n 阶极点,那么下列三个函数:

$$(a)\varphi(z)+\psi(z);\ (b)\ \frac{\varphi(z)}{\psi(z)};\ (c)\varphi(z)\psi(z)$$

在 $z=a$ 处各有什么性质?其中 $m\neq n$.

(5) $f(z)=\frac{2}{z(z-1)^2}$ 在 $z=1$ 处有一个二阶极点,这个函数又有下面的洛朗展开式:

$$\frac{1}{z(z-1)^2}=\cdots+\frac{1}{(z-1)^5}+\frac{1}{(z-1)^4}+\frac{1}{(z-1)^3},|z-1|>1,$$

所以 $z=1$ 又是 $f(z)$ 的本性奇点,这种说法对吗?

第 5 章 留数及其应用

留数是复积分与复级数理论相结合的产物，在复变函数及其实际应用中非常重要. 它与计算围线积分密切相关. 本章的中心问题是留数定理，通过本章的学习可以看到，之前的积分定理、积分公式都是留数定理的特殊情况. 在计算某些复杂的实积分时，利用留数理论能够简化问题. 本章首先以洛朗级数为工具对解析函数的孤立奇点进行分类，然后在此基础上引入留数的概念，建立留数的计算方法及留数定理，最后介绍留数定理的一些应用.

5.1 解析函数在孤立奇点的性质

5.1.1 孤立奇点的定义

把函数不解析的点称为函数的奇点. 例如 $z=0$ 是函数 $f(z)=\frac{1}{z}$, $g(z)=\sin\frac{1}{z}$ 的奇点, 但是细心的读者会发现这两个函数的奇点具有如下不同的特征:

(1) 对于 $f(z)=\frac{1}{z}$ 来说, 除了 $z=0$ 这个奇点外, 在它的周围任一去心邻域 $0<|z|<R$ 内, $f(z)$ 处处解析, 不再有别的奇点;

(2) 对于 $g(z)=\sin\frac{1}{z}$ 来说, 无论取 $z=0$ 的多么小的去心邻域 $0<|z|<\delta$, 在其内仍存在 $g(z)$ 的奇点. 事实上, $z_n=\frac{1}{n\pi}(n=1,2,\cdots)$ 是 $g(z)$ 的奇点, 且 $n\to\infty$ 时 $z_n\to 0$, 即 z_n 可存在于 $z=0$ 的无论多么小的去心邻域之中, 换句话说, $z=0$ 不是 $g(z)$ 的孤立奇点.

一般地, 我们有如下定义:

定义 5.1 设函数 $f(z)$ 在 z_0 处不解析, 但在 z_0 的某一去心邻域处处解析, 则称 z_0 为函数 $f(z)$ 的**孤立奇点**.

根据定义, 点 $z=0$ 是函数 $\frac{\sin z}{z}$, $e^{\frac{1}{z}}$ 与 $\frac{e^z}{z^2}$ 的孤立奇点, 函数 $f(z)=\frac{1}{(z-i)(z+1)}$ 有 $z_1=i$ 和 $z_2=-1$ 两个孤立奇点, 而 $z=0$ 是函数 $g(z)=\sin\frac{1}{z}$ 的奇点, 但不是孤立奇点. 事实上, 若函数 $f(z)$ 仅有有限个奇点, 或有可列个奇点, 则其每一个奇点都是 $f(z)$ 的孤立奇点.

可以看出, 孤立奇点是奇点中一种最简单的情形, 但却是重要的. 根据上一章介绍的洛朗展开式, 我们就会发现将函数在圆环域内展开成洛朗级数, 实际上都是在孤立奇点处展开的, 而且有些展开式中不含有负幂项, 有些仅含有限个负幂项, 有些含有无穷多个负幂项. 因此, 我们就可以根据洛朗展开式中负幂项的个数不同来对孤立奇点做如下分类:

5.1.2　孤立奇点的分类

设 z_0 为函数 $f(z)$的孤立奇点，那么必存在 z_0 的一个去心邻域 $0<|z-z_0|<\delta$，使得 $f(z)$在 $0<|z-z_0|<\delta$ 内处处解析，于是 $f(z)$在 $0<|z-z_0|<\delta$ 内可展开成洛朗级数

$$\begin{aligned} f(z) &= \sum_{n=-\infty}^{+\infty} C_n (z-z_0)^n \\ &= \sum_{n=0}^{+\infty} C_n (z-z_0)^n + \sum_{n=1}^{+\infty} C_{-n} (z-z_0)^{-n}. \end{aligned} \tag{5-1}$$

5.1.2.1　可去奇点

当洛朗展开式(5-1)中不含 $z-z_0$ 的负幂项，即$C_{-n}=0(n=1,2,\cdots)$，则称 z_0 为 $f(z)$的可去奇点.

例如$\dfrac{\sin z}{z}=\dfrac{1}{z}\left(z-\dfrac{z^3}{3!}+\dfrac{z^5}{5!}-\cdots\right)=1-\dfrac{z^2}{3!}+\dfrac{z^4}{5!}-\cdots(0<|z|<\delta)$，因为展开式中不含负幂项，故点 $z=0$ 是$\dfrac{\sin z}{z}$的可去奇点. 如果我们补充$\dfrac{\sin z}{z}$在$z=0$处的值为 1 (即C_0)，那么$\dfrac{\sin z}{z}$在 $z=0$ 处就变成解析的了，也正是由于这个原因，所以这类奇点称为可去奇点.

5.1.2.2　极点

当洛朗展开式(5-1) 中只含有限个 $z-z_0$ 的负幂项，则称点 z_0 为 $f(z)$的极点. 所有负幂项中的最高幂为$(z-z_0)^{-m}$ 时，则称 z_0 为 $f(z)$的 m 阶极点. 此时，$f(z)$可表示为

$$f(z)=\frac{1}{(z-z_0)^m}g(z),$$

其中，$g(z)=C_{-m}+C_{-m+1}(z-z_0)+C_{-m+2}(z-z_0)^2+\cdots$.

当 $m=1$ 时，称点 z_0 为 $f(z)$的一阶极点或单极点.

例如，$z=0$ 是函数 $f(z)=\dfrac{e^x}{z^2}$ 的二阶极点，因为

$$f(z)=\frac{e^z}{z^2}=\frac{1}{z^2}\left(1+z+\frac{z^2}{2!}+\frac{z^3}{3!}+\cdots\right)=z^{-2}+z^{-1}+\frac{1}{2!}+\frac{z}{3!}+\frac{z^2}{4!}+\cdots$$

中含有限个(2 个) 负幂项，且 z^{-1} 的最高次幂为 2.

又如，$z=0$ 是函数 $f(z)=\dfrac{e^z-1}{z^2}$ 的一阶极点，因为

$$\begin{aligned} f(z) &= \frac{e^z-1}{z^2}=\frac{1}{z^2}\left(z+\frac{z^2}{2!}+\frac{z^3}{3!}+\cdots\right) \\ &= z^{-1}+\frac{1}{2!}+\frac{z}{3!}+\cdots \end{aligned}$$

中含有限个(1 个)负幂项,且 z^{-1} 的最高次幂为 1.

顺便指出,我们把使解析函数 $f(z)$等于零的点 z_0 称为 $f(z)$的零点,而且若 $f(z)$能表示成

$$f(z)=(z-z_0)^m g(z),$$

其中 $g(z)$在 z_0 处解析且 $g(z_0)\neq 0$,m 为某一正整数,则 z_0 为 $f(z)$的 m 阶零点.不难发现,零点与极点具有如下关系:

若函数 $f(z)$在 z_0 解析,则 z_0 是 $f(z)$的 m 阶零点的充要条件是

$$f^{(n)}(z_0)=0(n=0,1,2,\cdots,m-1),f^{(m)}(z_0)\neq 0.$$

点 z_0 为 $f(z)$的 m 阶极点的充要条件是点 z_0 为$\frac{1}{f(z)}$ 的 m 阶零点.

用此结论也可以求出函数的极点及判定极点的阶数.

5.1.2.3 本性奇点

定义 5.2 当洛朗展开式(5-1)中含有无穷多个$(z-z_0)$的负幂项时,则称点 z_0 为 $f(z)$的**本性奇点**.

例如,$z=0$ 是函数 $f(z)=e^{\frac{1}{z}}$ 的本性奇点,因为

$$e^{\frac{1}{z}}=1+z^{-1}+\frac{1}{2!}z^{-2}+\cdots+\frac{1}{n!}z^{-n}+\cdots$$

中含无穷多个负幂项.

5.1.3 孤立奇点类型的极限判别法

根据函数展开成洛朗级数判定孤立奇点的类型是比较麻烦的.下面我们研究孤立奇点类型的极限特征,进而建立一种极限判别法.

若 z_0 为 $f(z)$的可去奇点,则洛朗展开式中不含负幂项,即

$$f(z)=C_0+C_1(z-z_0)+C_2(z-z_0)^2+\cdots,$$

显然

$$\lim_{z\to z_0}f(z)=C_0(\text{有限值}).$$

若 z_0 为 $f(z)$的 m 阶极点,则洛朗展开式中只含有限个负幂项,且最高负幂项的系数$C_{-m}\neq 0$,即

$$\begin{aligned}f(z)&=C_{-m}(z-z_0)^{-m}+C_{-m+1}(z-z_0)^{-m+1}+\cdots+\\&\quad C_{-1}(z-z_0)^{-1}+C_0+C_1(z-z_0)+C_2(z-z_0)^2+\cdots\\&=\frac{1}{(z-z_0)^m}g(z).\end{aligned}$$

其中 $g(z)=C_{-m}+C_{-m+1}(z-z_0)+\cdots$ 在 $|z-z_0|<\delta$ 内解析，且 $g(z_0)=C_{-m}\neq 0$. 显然

$$\lim_{z\to z_0}f(z)=\infty,$$

$$\lim_{z\to z_0}(z-z_0)^m f(z)=C_{-m}\neq 0.$$

由于 $f(z)$ 当 $z\to z_0$ 时的极限只可能是存在、不存在但为∞或不存在且不为∞中的某一种情况，所以本性奇点的极限特征必为 $\lim\limits_{z\to z_0}f(z)$ 不存在且不为∞.

以上结论反过来也成立(读者自证)，于是有如下判别法：

定理 5.1　设 z_0 为 $f(z)$ 的孤立奇点，

(1) 若 $\lim\limits_{z\to z_0}f(z)=l$(有限值)，则 z_0 为 $f(z)$ 的可去奇点；

(2) 若 $\lim\limits_{z\to z_0}f(z)=\infty$，则 z_0 为 $f(z)$ 的极点，进一步地，$\lim\limits_{z\to z_0}(z-z_0)^m f(z)=l$(有限值且不为0)，则 z_0 为 $f(z)$ 的 m 阶极点；

(3) $\lim\limits_{z\to z_0}f(z)$ 不存在且不为∞，则 z_0 为 $f(z)$ 的本性奇点.

【例 5.1】　判定下列函数在 $z=0$ 时的奇立类型.

(1) $\dfrac{1-\cos z}{z^2}$；　(2) $\dfrac{e^{2z}-1}{z^2}$；　(3) $\sin\dfrac{1}{z}$.

解　(1) 因为 $\lim\limits_{z\to 0}\dfrac{1-\cos z}{z^2}=\dfrac{1}{2}$，所以 $z=0$ 为 $\dfrac{1-\cos z}{z^2}$ 的可去奇点.

(2) 因为 $\lim\limits_{z\to 0}\dfrac{e^{2z}-1}{z^2}=\infty$，又 $\lim\limits_{z\to 0}z\cdot\dfrac{e^{2z}-1}{z^2}=2$，所以 $z=0$ 为 $\dfrac{e^{2z}-1}{z^2}$ 的一阶极点.

(3) 因为 $\lim\limits_{z\to 0}\sin\dfrac{1}{z}$ 不存在也不为∞，所以 $z=0$ 为 $\sin\dfrac{1}{z}$ 的本性奇点.

【例 5.2】　求出 $f(z)=\dfrac{z}{(z-1)(z-2)^2}$ 的孤立奇点，并指出类型.

解　使分母为 0 的点为 $f(z)$ 的奇点，易知奇点有 2 个：$z_1=1, z_2=2$.

因为 $\lim\limits_{z\to 1}f(z)=\infty$，又 $\lim\limits_{z\to 1}(z-1)f(z)=\lim\limits_{z\to 1}\dfrac{z}{(z-2)^2}=1\neq 0$，所以 $z=1$ 为 $f(z)$ 的一阶极点；

$\lim\limits_{z\to 2}f(z)=\infty$，又 $\lim\limits_{z\to 2}(z-2)^2 f(z)=\lim\limits_{z\to 2}\dfrac{z}{z-1}=2\neq 0$，所以 $z=2$ 为 $f(z)$ 的二阶极点.

*5.1.4　无穷远点为孤立奇点的定义及其分类

我们知道，当 $t=0$ 为 $g(t)$ 的孤立奇点时，$g(t)$ 在环形域 $0<|t|<r$ 内可展开成洛朗级数

$$g(t)=\sum_{n=-\infty}^{+\infty}C_n t^n=\sum_{n=1}^{+\infty}C_{-n}t^{-n}+\sum_{n=0}^{+\infty}C_n t^n.$$

令 $t=\dfrac{1}{z}$ 时，$t=0$ 映射到 z 平面的无穷远点 $z=\infty$，则

$$g(t)=g\left(\frac{1}{z}\right)\overset{\Delta}{=}f(z)\left(\frac{1}{r}<|z|<+\infty\right),$$

从而 $f(z)$ 的洛朗展开式为

$$f(z)=\sum_{n=1}^{+\infty}C_{-n}z^{n}+\sum_{n=0}^{+\infty}C_{n}z^{-n}.$$

这相当于把 $g(t)$ 的展开式中正、负幂项对调所得. 因此，我们可以仿照有限点的情形给出无穷远点为孤立奇点的定义及分类方法.

若函数 $f(z)$ 在无穷远点 $z=\infty$ 的去心邻域 $R<|z|<+\infty$ 内解析，则点 ∞ 称为 $f(z)$ 的孤立奇点.

与有限孤立奇点的分类相对应(洛朗展开式中正、负幂项对调)，我们可对孤立奇点 ∞ 做如下分类：若函数 $f(z)$ 在解析域 $R<|z|<+\infty$ 内洛朗展开式：

(1) 不含正幂项[此时 $g(t)$ 的展开式中不含负幂项，因而 $t=0$ 为 $g(t)$ 的可去奇点]，则 ∞ 称为 $f(z)$ 的可去奇点；

(2) 含有限个正幂项，且 z^m 为最高正幂[此时，$t=0$ 为 $g(t)$ 的 m 阶极点]，则 ∞ 称为 $f(z)$ 的 m 阶极点；

(3) 含有无穷多个正幂项[此时，$t=0$ 为 $g(t)$ 的本性奇点]，则 ∞ 称为 $f(z)$ 的本性奇点.

由 ∞ 为 $f(z)$ 的孤立奇点分类的定义及定理 5.1 不难得出如下结论：

(1) 当若 $\lim\limits_{z\to\infty}f(z)=C_0$(有限值)，则 ∞ 为 $f(z)$ 的可去奇点；

(2) 若 $\lim\limits_{z\to\infty}f(z)=\infty$，则 ∞ 为 $f(z)$ 的极点；

(3) $\lim\limits_{z\to\infty}f(z)$ 不存在且不为 ∞，则 ∞ 为 $f(z)$ 的本性奇点.

例如，$z=\infty$ 是 $\dfrac{z}{1+z}$ 的可去奇点，因为 $\lim\limits_{x\to\infty}\dfrac{z}{1+z}=1$；$z=\infty$ 是 $z+\dfrac{1}{z}$ 的极点，因为 $\lim\limits_{x\to\infty}\left(z+\dfrac{1}{z}\right)=\infty$；$z=\infty$ 是 $\sin z$ 的本性奇点，因为 $\lim\limits_{z\to\infty}\sin z$ 不存在也不为 ∞.

5.2 留　数

留数的概念

5.2.1　留数的概念

由上一节讨论知，若函数 $f(z)$在 z_0 的去心邻域 $0<|z-z_0|<R$ 内解析，则在此邻域内，$f(z)$可展开成洛朗级数

$$f(z)=\cdots+C_{-n}(z-z_0)^{-n}+\cdots+C_{-2}(z-z_0)^{-2}+C_{-1}(z-z_0)^{-1}+$$
$$C_0+C_1(z-z_0)+\cdots+C_n(z-z_0)^n+\cdots.$$

对该邻域内任取一条绕 z_0 的正向简单闭曲线 C，对上式两边在 C 上作积分，并利用积分公式

$$\oint_C \frac{1}{(z-z_0)^{n+1}}\mathrm{d}z=\begin{cases}2\pi\mathrm{i} & ,n=0,\\ 0, & n\neq 0\end{cases}$$

可知，右端各项的积分除$C_{-1}(z-z_0)^{-1}$ 一项等于 $2\pi\mathrm{i}\,C_{-1}$ 外，其余各项的积分都等于 0，所以

$$\oint_C f(z)\mathrm{d}z=2\pi\mathrm{i}\,C_{-1}.$$

我们把（留下的）这个分值除以 $2\pi\mathrm{i}$ 后所得到的数，称为函数 $f(z)$在 z_0 处的**留数**，记作 $\mathrm{Res}[f(z),z_0]$，即

$$\mathrm{Res}[f(z),z_0]=\frac{1}{2\pi\mathrm{i}}\oint_C f(z)\mathrm{d}z=C_{-1}.$$

留数定义本身提供了计算留数的两种方法：第一种是将 $f(z)$在 $0<|z-z_0|<R$ 内展开成洛朗级数，取其负一次幂项的系数C_{-1} 的值即可；第二种是计算$\frac{1}{2\pi\mathrm{i}}\oint_C f(z)\mathrm{d}z$.

【例 5.3】　求函数 $f(z)=ze^{\frac{1}{x}}$ 在孤立奇点 $z=0$ 处的留数.

解　由于在 $0<|z|<R$ 内有

$$ze^{\frac{1}{x}}=z+1+\frac{1}{2!}z^{-1}+\frac{1}{3!}z^{-2}+\cdots,$$

所以 $\mathrm{Res}[f(z),0]=C_{-1}=\frac{1}{2}$.

【例 5.4】　求 $\mathrm{Res}\left[\frac{e^z}{z^2-z},1\right]$.

解　此题若用寻找$\frac{e^z}{z^2-z}$在$0<|z-1|<R$内的洛朗展开式的方法计算c_{-1}，则运算较为复杂,因而可考虑用积分计算的方法.

$$\begin{aligned}\text{Res}\left[\frac{e^z}{z^2-z},1\right]&=\frac{1}{2\pi i}\oint_C\frac{\frac{e^z}{z}}{z-1}dz\\&=\frac{1}{2\pi i}\cdot 2\pi i\left(\frac{e^z}{z}\right)\bigg|_{z=1}=e\quad\text{（使用了柯西积分公式）},\end{aligned}$$

其中,C为内部不含点0且不经过点1但包含1在其内的闭曲线.

当函数比较复杂时,用留数定义计算留数较为困难,如果能先判别孤立奇点的类型,对求留数会很方便.

5.2.2　留数的计算方法

规则Ⅰ　若z_0为$f(z)$的可去奇点,则$\text{Res}[f(z),z_0]=0$;

规则Ⅱ　若z_0为$f(z)$的一阶极点,则$\text{Res}[f(z),z_0]=\lim\limits_{z\to z_0}(z-z_0)f(z)$;

规则Ⅲ　若z_0为$f(z)=\frac{P(z)}{Q(z)}$的一阶极点,且$Q'(z_0)\neq 0$,则

$$\text{Res}[f(z),z_0]=\frac{P(z_0)}{Q'(z_0)}.$$

事实上,因为z_0为$f(z)$的一阶极点,所以$P(z_0)\neq 0$, $Q(z_0)=0$, $Q'(z_0)\neq 0$,且由上述方法知

$$\begin{aligned}\text{Res}[f(z),z_0]&=\lim_{z\to z_0}(z-z_0)f(z)\\&=\lim_{z\to z_0}\frac{P(z)}{\frac{Q(z)-Q(z_0)}{z-z_0}}=\frac{P(z_0)}{Q'(z_0)};\end{aligned}$$

规则Ⅳ　若z_0为$f(z)$的m阶极点,则

$$\text{Res}[f(z),z_0]=\frac{1}{(m-1)!}\lim_{z\to z_0}\frac{d^{m-1}}{dz^{m-1}}[(z-z_0)^m f(z)].$$

事实上,因为z_0为$f(z)$的m阶极点,所以

$$\begin{aligned}f(z)=&C_{-m}(z-z_0)^{-m}+C_{-m+1}(z-z_0)^{-m+1}+\cdots+C_{-1}(z-z_0)^{-1}+\\&C_0+C_1(z-z_0)+\cdots+C_n(z-z_0)^n+\cdots\quad(C_{-m}\neq 0),\end{aligned}$$

从而

$$\begin{aligned}(z-z_0)^m f(z)=&C_{-m}+C_{-m+1}(z-z_0)+\cdots+C_{-1}(z-z_0)^{m-1}+\\&C_0(z-z_0)^m+\cdots+C_n(z-z_0)^{n+m}+\cdots,\end{aligned}$$

上式两边求$(m-1)$阶导数,得

$$\frac{\mathrm{d}^{m-1}}{\mathrm{d}z^{m-1}}[(z-z_0)^m f(z)]=(m-1)!C_{-1}+\{含有(z-z_0)的正幂项\},$$

两边取 $z\to z_0$ 时的极限,可得

$$C_{-1}=\frac{1}{(m-1)!}\lim_{z\to z_0}\frac{\mathrm{d}^{m-1}}{\mathrm{d}z^{m-1}}[(z-z_0)^m f(z)],$$

即

$$\mathrm{Res}[f(z),z_0]=\frac{1}{(m-1)!}\lim_{z\to z_0}\frac{\mathrm{d}^{m-1}}{\mathrm{d}z^{m-1}}[(z-z_0)^m f(z)].$$

显然 $m=1$ 时,即为规则 Ⅱ 的公式.

[注意]　当 z_0 为 $f(z)$ 的本性奇点时,几乎没有简洁方法,因此,对于本性奇点处的留数,只能利用洛朗展开式的方法或计算积分的方法来求解.

【例 5.5】　求 $\mathrm{Res}\left[\frac{e^{2z}}{z^2-1},1\right]$.

解　容易知道 $z=1$ 是 $f(z)=\frac{e^{2z}}{z^2-1}$ 的一阶极点,所以

$$\mathrm{Res}[f(z),1]=\lim_{z\to1}(z-1)\cdot\frac{e^{2z}}{z^2-1}=\lim_{z\to1}\frac{e^{2z}}{z+1}=\frac{e^2}{2}.$$

此题也可以用规则 Ⅲ. 设 $f(z)=\frac{P(z)}{Q(z)}$, 取 $P(z)=e^{2z}$, $Q(z)=z^2-1$, 显然 $P(z)$, $Q(z)$ 满足规则Ⅲ 的条件,所以

$$\mathrm{Res}\left[\frac{e^{2z}}{z^2-1},1\right]=\frac{P(1)}{Q'(1)}=\frac{e^2}{2}.$$

【例 5.6】　求 $\mathrm{Res}\left[\frac{1}{(z^2+1)^3},\mathrm{i}\right]$.

解　因为 $\frac{1}{(z^2+1)^3}=\frac{1}{(z-\mathrm{i})^3(z+\mathrm{i})^3}$, 所以 $z=\mathrm{i}$ 是 $\frac{1}{(z^2+1)^3}$ 的三阶极点. 由规则 Ⅳ 有

$$\begin{aligned}\mathrm{Res}\left[\frac{1}{(z^2+1)^3},\mathrm{i}\right]&=\frac{1}{(3-1)!}\lim_{z\to1}\frac{\mathrm{d}^2}{\mathrm{d}z^2}\left[(z-\mathrm{i})^3\frac{1}{(z^2+1)^3}\right]\\&=\frac{1}{2}\lim_{z\to i}[(-3)(-4)(z+\mathrm{i})^{-5}]\\&=-\frac{3\mathrm{i}}{16}.\end{aligned}$$

[注意]　并不是所有满足规则 Ⅱ ～ 规则 Ⅳ 条件的函数,求留数时用它们都方便,请看下例.

【例 5.7】　求 $\mathrm{Res}\left[\frac{z-\sin z}{z^6},0\right]$.

分析　可以判断出 $z=0$ 是 $f(z)=\frac{z-\sin z}{z^6}$ 的三阶极点,应用规则 Ⅳ, 得

$$\begin{aligned}\operatorname{Res}[f(z),0] &= \frac{1}{(3-1)!}\lim_{z\to 0}\frac{\mathrm{d}^2}{\mathrm{d}z^2}\left[z^3\cdot\frac{z-\sin z}{z^6}\right]\\ &= \frac{1}{2!}\lim_{z\to 0}\frac{\mathrm{d}^2}{\mathrm{d}z^2}\left(\frac{z-\sin z}{z^3}\right).\end{aligned}$$

往下的运算既要先对一个分式函数求二阶导数,然后又要对求导结果求极限，这就十分繁杂. 如果利用洛朗展开式求C_{-1} 就比较方便.

解　因为

$$\begin{aligned}\frac{z-\sin z}{z^6} &= \frac{1}{z^6}\left[z-\left(z-\frac{1}{3!}z^3+\frac{1}{5!}z^5-\cdots\right)\right]\\ &= \frac{1}{3!}z^{-3}-\frac{1}{5!}z^{-1}+\cdots,\end{aligned}$$

所以

$$\operatorname{Res}\left[\frac{z-\sin z}{z^6},0\right]=C_{-1}=-\frac{1}{5!}.$$

可见,解题的关键在于根据具体问题灵活选择解题方法,不要拘泥于套用公式.

5.2.3　留数定理及其应用

留数定理是留数应用的基础,也是留数理论的重要定理之一.

定理 5.2　设区域G是由围线C的内部构成的(见图 5-1),若函数 $f(z)$在G内除含有有限个奇点$a_1,a_2,\cdots,a_n$ 外解析,且在 $G+C$ 上除点$a_1,a_2,\cdots,a_n$ 外连续,则

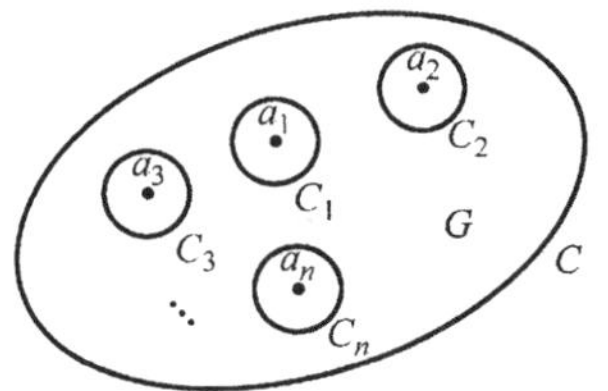

图 5-1

$$\oint_C f(z)\mathrm{d}z = 2\pi\mathrm{i}\sum_{i=1}^{\infty}\operatorname{Res}[f(z),a_i].$$

证明　分别以点$a_1,a_2,\cdots,a_n$ 为圆心,以适当的 $\rho(>0)$为半径作圆周 C_i: $|z-a_i|=\rho(i=1,2,\cdots,n)$,使 $C_1,C_2,\cdots,C_n$ 与C 一起满足定理 3.4 的条件. 于是,经验证,由定理 3.4 得

$$\oint_C f(z)\mathrm{d}z=\sum_{i=1}^{n}\oint_{C_i}f(z)\mathrm{d}z,$$

而

$$\oint_{C_i}f(z)\mathrm{d}z = 2\pi\mathrm{i}\operatorname{Res}[f(z),a_i]\ (i=1,2,\cdots,n),$$

故

$$\oint_C f(z)\mathrm{d}z = 2\pi \mathrm{i}\sum_{i=1}^{\infty}\mathrm{Res}[f(z),a_i].$$

定理 5.2 被称为**留数基本定理**.它揭示了复变函数沿围线的积分与留数间的联系.其重要作用之一是把计算封闭路径 C 上的积分转化为求被积函数在 C 内各孤立奇点处的留数.

【例 5.8】 计算积分 $\oint_C \frac{z\mathrm{e}^z}{z^2+1}\mathrm{d}z, C: |z|=2.$

解 由于 $f(z)=\frac{z\mathrm{e}^z}{z^2-1}$ 有两个一阶极点 i, $-$i，而这两个极点都在圆周 C 内，所以

$$\oint_C f(z)\mathrm{d}z = 2\pi \mathrm{i}\{\mathrm{Res}[f(z),\mathrm{i}]+\mathrm{Res}[f(z),-\mathrm{i}]\}.$$

而

$$\mathrm{Res}[f(z),\mathrm{i}] = \lim_{z\to i}(z-\mathrm{i})\cdot\frac{z\mathrm{e}^z}{z^2+1}=\frac{\mathrm{e}^{\mathrm{i}}}{2},$$

$$\mathrm{Res}[f(z),-\mathrm{i}] = \lim_{z\to -i}(z+\mathrm{i})\cdot\frac{z\mathrm{e}^z}{z^2+1}=\frac{\mathrm{e}^{-\mathrm{i}}}{2},$$

故

$$\oint_C \frac{z\mathrm{e}^z}{z^2+1}\mathrm{d}z = 2\pi\mathrm{i}\left(\frac{\mathrm{e}^{\mathrm{i}}}{2}+\frac{\mathrm{e}^{-\mathrm{i}}}{2}\right).$$

【例 5.9】 计算积分 $\oint_{|z|=1}\frac{z\sin z}{(1-\mathrm{e}^z)^3}\mathrm{d}z.$

解 被积函数 $f(z)=\frac{z\sin z}{(1-\mathrm{e}^z)^3}$ 有一个一阶极点 $z=0$，且在圆周 $|z|=1$ 内，所以

$$\oint_{|z|=1}\frac{z\sin z}{(1-\mathrm{e}^x)^3}\mathrm{d}z = 2\pi\mathrm{i}\mathrm{Res}[f(z),0] = 2\pi\mathrm{i}\lim_{z\to 0} z\cdot\frac{z\sin z}{(1-\mathrm{e}^x)^3}=-2\pi\mathrm{i}.$$

【例 5.10】 计算积分 $\oint_C \frac{z}{z^4-1}\mathrm{d}z, C: |z|=2.$

解 被积函数 $f(z)=\frac{z}{z^4-1}$ 有四个一阶极点 $\pm 1, \pm \mathrm{i}$，且都在圆周 C 内，所以 $\oint_C \frac{z}{z^4-1}\mathrm{d}z =$ $2\pi\mathrm{i}\{\mathrm{Res}[f(z),1]+\mathrm{Res}[f(z),-1]+\mathrm{Res}[f(z),\mathrm{i}]+\mathrm{Res}[f(z),-\mathrm{i}]\}.$

由规则Ⅱ知 $\frac{P(z)}{Q'(z)}=\frac{z}{4z^3}=\frac{1}{4z^2}$，故

$$\oint_C \frac{z}{z^4-1}\mathrm{d}z = 2\pi\mathrm{i}\left(\frac{1}{4}+\frac{1}{4}-\frac{1}{4}-\frac{1}{4}\right)=0.$$

【例 5.11】 计算积分 $\oint_{|z|=2}\frac{\mathrm{e}^z}{z(z+1)^2}\mathrm{d}z.$

解 $z=0$ 为被积函数 $f(z)=\frac{\mathrm{e}^z}{z(z+1)^2}$ 的一阶极点，$z=-1$ 为二阶极点，且都在圆周 $|z|=2$ 内，所以

$$\oint_{|z|=2}\frac{\mathrm{e}^z}{z(z+1)^2}\mathrm{d}z = 2\pi\mathrm{i}\{\mathrm{Res}[f(z),0]+\mathrm{Res}[f(z),-1]\},$$

而
$$\text{Res}\left[f(z),0\right]=\lim_{z\to 0} z\cdot\frac{e^x}{z(z+1)^2}=1,$$
$$\text{Res}[f(z),-1]=\lim_{z\to -1}\left[(z+1)^2\cdot\frac{e^2}{z(z+1)^2}\right]'$$
$$=\lim_{z\to -1}\left(\frac{e^z}{z}\right)'=\lim_{z\to -1}\frac{e^z(z-1)}{z^2}=-2e^{-1},$$

故
$$\oint_{|z|=2}\frac{e^z}{z(z+1)^2}dz=2\pi i(-2e^{-1}+1)=-4\pi ie^{-1}+2\pi i.$$

*5.2.4 无穷远点的留数

5.2.4.1 无穷远点的留数的定义

设函数 $f(z)$ 在圆环域 $R<|z|<+\infty(R\geqslant 0)$ 内解析，即无穷远点为 $f(z)$ 的孤立奇点. C 为圆周 $|z|=r$，其中 $r<R$，则称 $\frac{1}{2\pi i}\oint_c f(z)dz$（其中 C^- 为 C 的负方向）为 $f(z)$ 在 $z=\infty$ 的留数，记作：$\text{Res}[f(z),\infty]$，即
$$\text{Res}[f(z),\infty]=\frac{1}{2\pi i}\oint_C f(z)dz.$$

5.2.4.2 无穷远点的留数与洛朗级数的关系

设 $f(z)$ 在 $R<|z|<+\infty(R\geqslant 0)$ 内的洛朗展开式为
$$f(z)=\cdots+C_{-m}z^{-m}+\cdots+C_{-1}z^{-1}+C_0+C_1z+\cdots,$$
则与上面相同，仍有
$$C_{-1}=\frac{1}{2\pi i}\oint_C f(z)dz,$$
从而
$$\text{Res}[f(z),\infty]=\frac{1}{2\pi i}\oint_C f(z)dz=-C_{-1}.$$

5.2.4.3 无穷远点留数的两个结论

定理 5.3 $\text{Res}[f(z),\infty]=-\text{Res}\left[f\left(\frac{1}{z}\right)\cdot\frac{1}{z^2},0\right].$

证明 令 $w=\frac{1}{z}$，则 $\varphi(w)=f\left(\frac{1}{w}\right)$ 在 $0<|w|<\frac{1}{R}$ 内解析，且其洛朗展开式为

$$\varphi(w)=\cdots+C_{-m}w^{m}+\cdots+C_{-1}w+C_{0}+C_{1}w^{-1}+\cdots,$$

于是有

$$\varphi(w)\cdot\frac{1}{w^{2}}=\cdots+C_{-m}w^{m-2}+\cdots+C_{-1}w^{-1}+C_{0}w^{-2}+C_{1}w^{-3}+\cdots,$$

从而

$$\begin{aligned}C_{-1}&=\operatorname{Res}\left[\varphi(w)\cdot\frac{1}{w^{2}},0\right]=\operatorname{Res}\left[f\left(\frac{1}{w}\right)\cdot\frac{1}{w^{2}},0\right]\\&=\operatorname{Res}\left[f\left(\frac{1}{z}\right)\cdot\frac{1}{z^{2}},0\right].\end{aligned}$$

故有

$$\operatorname{Res}[f(z),\infty]=-\operatorname{Res}\left[f\left(\frac{1}{z}\right)\cdot\frac{1}{z^{2}},0\right].$$

此定理提供了一种将无穷远点的留数转化为有限点($z=0$)处留数的方法.

定理 5.4 设函数 $f(z)$在扩充的复平面内除有限个孤立奇点 $z_1,z_2,\cdots,z_n,\infty$外处处解析,则 $f(z)$在各奇点处的留数总和为零,即

$$\operatorname{Res}[f(z),\infty]+\sum_{k=1}^{n}\operatorname{Res}[f(z),z_k]=0.$$

证明 作圆 $C:|z|=R$(R 充分大),使 $z_1,z_2,\cdots,z_n$ 包含在C 内,则由留数定理及无穷远点留数的定义有

$$\begin{aligned}&\operatorname{Res}[f(z),\infty]+\sum_{k=1}^{n}\operatorname{Res}[f(z),z_k]\\&=\frac{1}{2\pi i}\oint_{C}f(z)dz+\frac{1}{2\pi i}\oint_{C}f(z)dz=0.\end{aligned}$$

通过以上的讨论,我们可以总结出求无穷远点留数的方法.

方法 1 定义法,即 $\operatorname{Res}[f(z),\infty]=\frac{1}{2\pi i}\oint_{C-}f(z)dz$.

【例 5.12】 求 $\operatorname{Res}\left[\frac{1}{z},\infty\right]$.

解 $\operatorname{Res}\left[\frac{1}{z},\infty\right]=\frac{1}{2\pi i}\oint_{C-}\frac{1}{z}dz=-\frac{1}{2\pi i}\oint_{C}\frac{1}{z}dz$

$$=-\frac{1}{2\pi i}\cdot 2\pi i=-1.$$

[**注意**] 可以看出∞是$\frac{1}{z}$的可去奇点,但$\frac{1}{z}$在该点($z=\infty$)的留数并非为 0,这是与"有限可去奇点处留数恒等于 0"的一个不同之处,即当无穷远点为可去奇点时,该点的留数并不一定为 0.

方法 2 利用洛朗展开式,即 $\operatorname{Res}[f(z),\infty]=-C_{-1}$.

【例 5.13】 求 $\mathrm{Res}[e^{\frac{1}{z}},\infty]$.

解 将 $e^{\frac{1}{z}}$ 在 $0<|z|<+\infty$内展开成洛朗级数

$$e^{\frac{1}{z}}=1+z^{-1}+\frac{1}{2!}z^{-2}+\cdots,$$

可以看出$c_{-1}=1$，所以 $\mathrm{Res}[e^{\frac{1}{z}},\infty]=-1$.

方法 3 利用定理 5.3,即 $\mathrm{Res}[f(z),\infty]=-\mathrm{Res}\left[f\left(\frac{1}{z}\right)\cdot\frac{1}{z^2},0\right]$.

【例 5.14】 求 $\mathrm{Res}\left[\frac{z}{z^4-1},\infty\right]$.

解 $$\mathrm{Res}\left[\frac{z}{z^4-1},\infty\right]=-\mathrm{Res}\left[\frac{\frac{1}{z}}{\frac{1}{z^4}-1}\cdot\frac{1}{z^2},0\right]$$

$$=-\mathrm{Res}\left[\frac{z}{1-z^4},0\right]=0.$$

方法 4 利用定理 5.4,即 $\mathrm{Res}[f(z),\infty]=-\sum\limits_{k=1}^{n}\mathrm{Res}[f(z),z_k]$.

[注意] 此方法虽然给出了一种求 $\mathrm{Res}[f(z),\infty]$的方法,但当 $f(z)$含多个孤立奇点或含有高阶极点时,求$\sum\limits_{k=1}^{n}\mathrm{Res}[f(z),z_k]$较烦琐,因此,我们通常不用它求 $\mathrm{Res}[f(z),\infty]$，而是将此公式反过来使用,即利用 $\mathrm{Res}[f(z),\infty]$来求$\sum\limits_{k=1}^{n}\mathrm{Res}[f(z),z_k]$. 这一点可通过求某些闭路上的积分体现出来.

【例 5.15】 计算积分 $\oint\limits_{|z|=2}\frac{z}{z^4-1}dz$.

解 $f(z)=\frac{z}{z^4-1}$ 在圆$|z|=2$ 内有孤立奇点 $z=\pm1, z=\pm i$，则由留数定理及定理 5.4 得

$$\oint\limits_{|z|=2}\frac{z}{z^4-1}dz=2\pi i\{\mathrm{Res}[f(z),1]+\mathrm{Res}[f(z),-1]+\mathrm{Res}[f(z),-i]+\mathrm{Res}[f(z),-i]\}$$

$$=2\pi i\mathrm{Res}[f(z),\infty].$$

又 $f\left(\frac{1}{z}\right)\cdot\frac{1}{z^2}=\frac{z}{1-z^4}$, $z=0$ 为其可去奇点,于是

$$\mathrm{Res}[f(z),\infty]=\mathrm{Res}\left[f\left(\frac{1}{z}\right)\cdot\frac{1}{z^2},0\right]=0.$$

从上例可以看出,计算闭路 C 上的积分时,如果被积函数在 C 内奇点较多或含有高阶极点时,此时用无穷远点的留数计算积分较为方便.

5.3　留数在实变量积分计算中的应用

在高等数学以及实际问题中，常常需要计算一些定积分或反常积分的值，而这些积分中被积函数的原函数往往无法用初等函数表示出来，或即使可以求出原函数，计算也较为复杂. 利用留数定理，计算某些类型的积分或反常积分时，只需计算某些解析函数在孤立奇点的留数，从而大大简化问题. 本节将介绍如何利用留数计算几类常用积分的方法.

5.3.1　$\int_0^{2\pi} R(\cos\theta,\sin\theta)\mathrm{d}\theta$ 型积分

这是一个实变量的积分，若要用留数定理进行计算，我们需要完成两方面的工作：第一，将此积分转化为复变量的围线（封闭路径）积分；第二，利用留数定理将复变量的围线积分转化为留数问题，计算留数即可得到原积分值. 接下来，我们将按照这一思路展开讨论.

在$\int_0^{2\pi} R(\cos\theta,\sin\theta)\mathrm{d}\theta$中，$R(\cos\theta,\sin\theta)$表示$\cos\theta,\sin\theta$的有理函数，且在$[0,2\pi]$上连续. 若令$z=\mathrm{e}^{\mathrm{i}\theta}$，则

$$\cos\theta=\frac{\mathrm{e}^{\mathrm{i}\theta}+\mathrm{e}^{-\mathrm{i}\theta}}{2}=\frac{z+z^{-1}}{2},\sin\theta=\frac{\mathrm{e}^{\mathrm{i}\theta}-\mathrm{e}^{-\mathrm{i}\theta}}{2\mathrm{i}}=\frac{z-z^{-1}}{2\mathrm{i}},\mathrm{d}\theta=\frac{\mathrm{d}z}{\mathrm{i}z},$$

当θ从0变到2π时，z沿圆周$|z|=1$的正方向绕行一周，因此有

$$\int_0^{2\pi} R(\cos\theta,\sin\theta)\mathrm{d}\theta=\int_0^{2\pi} R\left(\frac{z+z^{-1}}{2},\frac{z-z^{-1}}{2\mathrm{i}}\right)\frac{\mathrm{d}z}{\mathrm{i}z},$$

上式右端是z的有理函数的围线积分，并且积分路径上无奇点，应用留数定理就可以求得其值.

［注意］　这里关键一步是引进变数代换$z=\mathrm{e}^{\mathrm{i}\theta}$，至于被积函数$R(\cos\theta,\sin\theta)$在$[0,2\pi]$上的连续性可不必先检验，只需要检验变换后的被积函数在$|z|=1$上是否有奇点即可.

【例 5.16】　求$I=\int_0^{2\pi}\frac{1}{2+\cos\theta}\mathrm{d}\theta$的值.

解　令$z=\mathrm{e}^{\mathrm{i}\theta}$，则

$$I=\oint_{|z|=1}\frac{1}{2+\frac{z+z^{-1}}{2}}\frac{\mathrm{d}z}{\mathrm{i}z}=\frac{2}{\mathrm{i}}\oint_{|z|=1}\frac{1}{z^2+4z+1}\mathrm{d}z.$$

被积函数$f(z)=\frac{1}{z^2+4z+1}$在$|z|=1$内只有单极点$z=-2+\sqrt{3}$，故

$$I=\frac{2}{\mathrm{i}}\times 2\pi\mathrm{i}\,\mathrm{Res}[f(z),-2+\sqrt{3}]$$

$$=\frac{2}{\mathrm{i}}\times\lim_{z\to-2+\sqrt{3}}\left\{[z-(-2+\sqrt{3})]\cdot\frac{1}{z^2+4z+1}\right\}$$

$$=\frac{2\pi}{\sqrt{3}}.$$

【例 5.17】 求 $I=\int_0^{2\pi}\frac{1}{1-2p\cos\theta+p^2}\mathrm{d}\theta\ (0\leqslant|p|<1)$ 的值.

解 令 $z=\mathrm{e}^{\mathrm{i}\theta}$，则 $\cos\theta=\frac{z+z^{-1}}{2}$，$\mathrm{d}\theta=\frac{\mathrm{d}z}{\mathrm{i}z}$，当 $p\neq0$ 时，有

$$1-2p\cos\theta+p^2=1-p(z+z^{-1})+p^2=\frac{(z-p)(1-pz)}{z},$$

得

$$I=\frac{1}{\mathrm{i}}\oint_{|z|=1}\frac{\mathrm{d}z}{(z-p)(1-pz)},$$

在圆 $|z|<1$ 内被积函数 $f(z)=\frac{1}{(z-p)(1-pz)}$ 只有 $z=p$ 为一阶极点，且在 $|z|=1$ 上无奇点，根据求留数的方法有

$$\mathrm{Res}[f(z),p]=\left.\frac{1}{1-pz}\right|_{z=p}=\frac{1}{1-p^2}\quad(0<|p|<1),$$

所以，由留数定理得

$$I=\frac{1}{\mathrm{i}}\times2\pi\mathrm{i}\frac{1}{1-p^2}=\frac{2\pi}{1-p^2}\quad(0\leqslant|p|<1).$$

［注意］ 此题在高等数学中可用万能代换的方法求解，比较起来，用复变函数的方法求解要简单得多.

5.3.2 $\int_{-\infty}^{+\infty}\frac{P(x)}{Q(x)}\mathrm{d}x$ 型积分

为了计算这种反常积分，我们先给出一个引理. 它主要用来估计辅助曲线 C_R 上的积分.

引理 5.1 设 $f(z)$ 沿圆弧 $C_R: z=R\mathrm{e}^{\mathrm{i}\theta}$ $(\theta_1\leqslant\theta\leqslant\theta_2, R$ 充分大) 上连续(见图 5-2)，若对 C_R 上的任意 z 点均有 $\lim\limits_{z\to\infty}f(z)=k$，则

$$\lim_{R\to+\infty}\int_{C_R}f(z)\mathrm{d}z=k(\beta-\alpha)\mathrm{i}.$$

这里 $P(x)$，$Q(x)$ 为互质的关于 x 的 n 次和 m 次多项式，且有 $m-n\geqslant2$；$Q(x)$ 在实轴上没有零点.

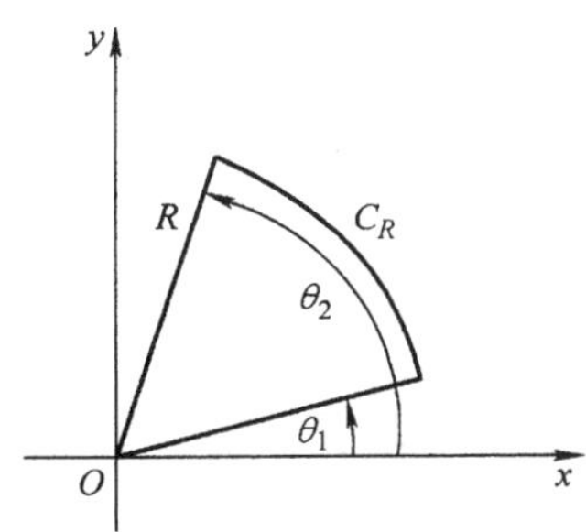

图 5-2

证明 第一步:选取辅助函数$f(z)=\dfrac{P(z)}{Q(z)}$,并求出$f(z)$在上半平面的全部奇点$z_1,z_2,\cdots,z_n$;

第二步:选取辅助路径C(见图5-3):由实轴上的$[-R,R]$与上半圆周C_R组成的围线C,其中R的选取要使$z_1,z_2,\cdots,z_n$全在C的内部;

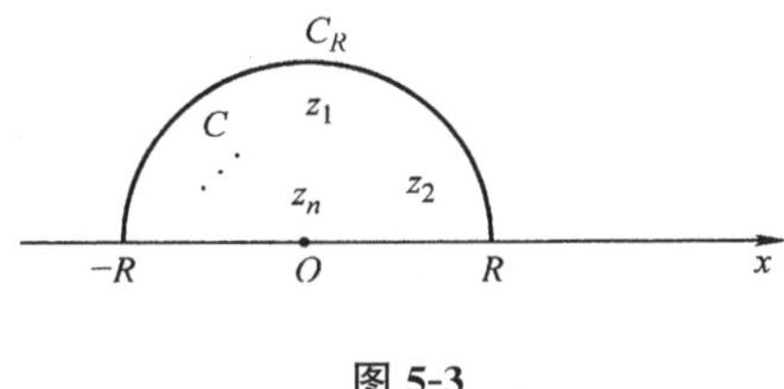

图 5-3

第三步:利用定理5.1得

$$\int_{-R}^{R} f(x)\mathrm{d}x+\int_{C_R} f(z)\mathrm{d}z=2\pi \mathrm{i}\sum_{k=1}^{n}\mathrm{Res}[f(z),z_k].$$

令$R\to+\infty$,对上式两端取极限

$$\int_{-\infty}^{+\infty} f(x)\mathrm{d}x+\lim_{R\to+\infty}\int_{C_R} f(z)\mathrm{d}z=2\pi \mathrm{i}\sum_{k=1}^{n}\mathrm{Res}[f(z),z_k],$$

又

$$\lim_{R\to+\infty}\int_{C_R} f(z)\mathrm{d}z=0,$$

故

$$\int_{-\infty}^{+\infty} f(x)\mathrm{d}x=2\pi \mathrm{i}\sum_{k=1}^{n}\mathrm{Res}[f(z),z_k],$$

即

$$\int_{-\infty}^{+\infty}\frac{P(x)}{Q(x)}\mathrm{d}x=2\pi \mathrm{i}\sum_{k=1}^{n}\mathrm{Res}\left[\frac{P(z)}{Q(z)},z_k\right].$$

若$f(x)=\dfrac{P(x)}{Q(x)}$为偶函数,则$\displaystyle\int_{0}^{+\infty}\frac{P(x)}{Q(x)}\mathrm{d}x=\pi \mathrm{i}\sum_{k=1}^{n}\mathrm{Res}[f(z),z_k]$.

【例5.18】 求$I=\displaystyle\int_{-\infty}^{+\infty}\frac{x^2}{(x^2+a^2)(x^2+b^2)}\mathrm{d}x\,(a>0,b>0)$的值.

解　$f(z)=\dfrac{z^2}{(z^2+a^2)(z^2+b^2)}$ 的分母多项式次数高于分子多项式次数 2 次，它在上半平面内有两个单极点 $z_1=a\mathrm{i}, z_2=b\mathrm{i}$，所以

$$I=2\pi\mathrm{i}\{\mathrm{Res}[f(z),a\mathrm{i}]+\mathrm{Res}[f(z),b\mathrm{i}]\}$$
$$=2\pi\mathrm{i}\left[\frac{a}{2\mathrm{i}(a^2-b^2)}+\frac{b}{2\mathrm{i}(b^2-a^2)}\right]$$
$$=\frac{\pi}{a+b}.$$

【例 5.19】　求 $I=\displaystyle\int_0^{+\infty}\frac{1}{x^4+1}\mathrm{d}x$ 的值.

解　$f(z)=\dfrac{1}{x^4+1}$ 的分母多项式次数高于分子多项式 4 次，且为偶函数，它在上半平面内有两个单极点 $z_1=\mathrm{e}^{\frac{\pi}{4}\mathrm{i}}, z_2=\mathrm{e}^{\frac{3\pi}{4}\mathrm{i}}$，所以

$$I=\pi\mathrm{i}\left\{\mathrm{Res}\left[f(z),\mathrm{e}^{\frac{\pi}{4}\mathrm{i}}\right]+\mathrm{Res}\left[f(z),\mathrm{e}^{\frac{3\pi}{4}\mathrm{i}}\right]\right\}$$
$$=\pi\mathrm{i}\left[\frac{1}{4\mathrm{e}^{\frac{3\pi}{4}\mathrm{i}}}+\frac{1}{4\mathrm{e}^{\frac{9\pi}{4}\mathrm{i}}}\right]=\frac{\pi}{4}\mathrm{i}\left(\mathrm{e}^{-\frac{3\pi}{4}\mathrm{i}}+\mathrm{e}^{-\frac{\pi}{4}\mathrm{i}}\right)=\frac{\sqrt{2}}{4}\pi.$$

顺便指出，第一类积分可化为第二类积分，即

$$\int_0^{2\pi}R(\cos\theta,\sin\theta)\mathrm{d}\theta=\int_{-\pi}^{\pi}R(\cos\theta,\sin\theta)\mathrm{d}\theta\xlongequal{\text{令}\tan\frac{\theta}{2}=t}\int_{-\infty}^{+\infty}R\left(\frac{1-t^2}{1+t^2},\frac{2t}{1+t^2}\right)\mathrm{d}t.$$

5.3.3　$\displaystyle\int_{-\infty}^{+\infty}\frac{P(x)}{Q(x)}\mathrm{e}^{\mathrm{i}ax}\mathrm{d}x\,(a>0)$型积分

这里 $P(x)$，$Q(x)$为互质的关于x 的n 次和m 次多项式，且有 $m-n\geqslant 1$；$Q(x)$在实轴上没有零点，$a>0$.

为了给出这类积分的计算方法，我们先介绍一个引理(证明略)：

引理 5.2(若尔当引理)　设 $f(z)$在半圆周C_R：$z=R\mathrm{e}^{\mathrm{i}\theta}(0\leqslant\theta\leqslant\pi, R$ 充分大)上连续，且满足$\lim\limits_{z\to\infty}f(z)=0$，则

$$\lim_{R\to\infty}\int_C f(z)\mathrm{e}^{\mathrm{i}az}\mathrm{d}z=0\ (a>0).$$

证明　第一步：选取辅助函数 $f(z)=\dfrac{P(z)}{Q(z)}\mathrm{e}^{\mathrm{i}az}$，并求出 $f(z)$在上半平面的全部奇点 z_1，z_2，…，z_n；

第二步：选取辅助积分路径 C(见图 5-3)，该路径是由实轴上的$[-R,R]$与上半圆周 C_R 组成的围线C，其中 R 的选取要使 z_1，z_2，…，z_n 全位于C 的内部；

第三步：应用定理 5.1 得

$$\int_{-R}^{R} f(x)\mathrm{d}x + \int_{C_R} f(z)\mathrm{d}z = 2\pi\mathrm{i}\sum_{k=1}^{n}\mathrm{Res}[f(z),z_k].$$

令 $R \to +\infty$,对上式两端取极限得

$$\int_{-\infty}^{+\infty} f(x)\mathrm{d}x + \lim_{R\to+\infty}\int_{C_R} f(z)\mathrm{d}z = 2\pi\mathrm{i}\sum_{k=1}^{n}\mathrm{Res}[f(z),z_k],$$

又

$$\lim_{R\to+\infty}\int_{C_R} f(z)\mathrm{d}z = 0,$$

故

$$\int_{-\infty}^{+\infty} f(x)\mathrm{d}x = 2\pi\mathrm{i}\sum_{k=1}^{n}\mathrm{Res}[f(z),z_k]\,(a>0),$$

即

$$\int_{-\infty}^{+\infty}\frac{P(x)}{Q(x)}\mathrm{e}^{\mathrm{i}ax}\mathrm{d}x = 2\pi\mathrm{i}\sum_{k=1}^{n}\mathrm{Res}\left[\frac{P(z)}{Q(z)}\mathrm{e}^{\mathrm{i}kz},z_k\right].$$

又因为 $\mathrm{e}^{\mathrm{i}ax} = \cos ax + \mathrm{i}\sin ax$，所以

$$\int_{-\infty}^{+\infty}\frac{P(x)}{Q(x)}\mathrm{e}^{\mathrm{i}ax}\mathrm{d}x = \int_{-\infty}^{+\infty}\frac{P(x)}{Q(x)}\cos ax\,\mathrm{d}x + \mathrm{i}\int_{-\infty}^{+\infty}\frac{P(x)}{Q(x)}\sin ax\,\mathrm{d}x,$$

从而要计算积分

$$\int_{-\infty}^{+\infty}\frac{P(x)}{Q(x)}\cos ax\,\mathrm{d}x \text{ 或} \frac{P(x)}{Q(x)}\sin ax\,\mathrm{d}x,$$

只要求出积分$\int_{-\infty}^{+\infty}\frac{P(x)}{Q(x)}\mathrm{e}^{\mathrm{i}ax}\mathrm{d}x$ 的实部或虚部即可.

【例 5.20】 计算积分 $I = \int_{0}^{+\infty}\frac{\cos x}{x^2+1}\mathrm{d}x$ 的值.

解　因为被积函数为偶函数,所以

$$2I = \int_{-\infty}^{+\infty}\frac{\cos x}{x^2+1}\mathrm{d}x.$$

先来计算 $J = \int_{-\infty}^{+\infty}\frac{\mathrm{e}^{\mathrm{i}x}}{x^2+1}\mathrm{d}x$ 的值. 由于$\frac{\mathrm{e}^{\mathrm{i}z}}{z^2+1}$ 在上半平面内有一阶极点 i，所以

$$J = 2\pi\mathrm{i}\mathrm{Res}\left[\frac{\mathrm{e}^{\mathrm{i}z}}{z^2+1},\mathrm{i}\right] = 2\pi\mathrm{i}\,\frac{\mathrm{e}^{-1}}{2\mathrm{i}} = \pi\mathrm{e}^{-1},$$

从而

$$2I = \int_{-\infty}^{+\infty}\frac{\cos x}{x^2+1}\mathrm{d}x = \mathrm{Re}(J) = \pi\mathrm{e}^{-1},$$

故

$$I = \frac{\pi}{2\mathrm{e}}.$$

习题 5

1. 指出下列函数的孤立奇点，若有极点，写出阶数.

(1) $\dfrac{1}{z(z^2+1)^2}$；　　(2) $\dfrac{\sin z}{z^4}$；

(3) $\dfrac{z^3+\mathrm{i}}{z^2-3z+2}$；　　(4) $z\mathrm{e}^{\frac{1}{z}}$；

(5) $z\cos\dfrac{1}{z}$；　　(6) $\dfrac{\mathrm{e}^z-1}{z}$；

(7) $\dfrac{\mathrm{e}^{2z}}{(1-z)^2}$；　　(8) $\dfrac{\cos z}{z^2}$.

*2. 判定 $z=\infty$ 是下列函数的什么奇点？

(1) $\dfrac{1-\mathrm{e}^z}{z^2}$；　　(2) $\cos\dfrac{1}{z-1}$；　　(3) $\dfrac{2z}{3+z^2}$.

3. 求下列函数在指定点处的留数.

(1) $\dfrac{\ln(1+z)}{z}, z_0=0$；　　(2) $\dfrac{\mathrm{e}^z}{z(z-1)^2}, z_0=1$；

(3) $z^6\sin\dfrac{1}{z}, z_0=0$；　　(4) $\dfrac{\mathrm{e}^z-1}{z^5}, z_0=0$；

(5) $z^2\mathrm{e}^{\frac{1}{z-1}}, z_0=1$；　　(6) $\dfrac{z}{\sin^2 z}, z_0=0$.

4. 利用留数计算下列积分.

(1) $\displaystyle\oint_{|z|=\frac{3}{2}}\frac{\sin z}{z}\mathrm{d}z$；　　(2) $\displaystyle\oint_{|z|=2}\frac{5-z}{z(z-1)^2}\mathrm{d}z$；

(3) $\displaystyle\oint_{|z|=3}\frac{\mathrm{e}^{2z}}{(z-1)^2}\mathrm{d}z$；　　(4) $\displaystyle\oint_{|z|=3}\frac{1}{(z^2+4)(z+5\mathrm{i})}\mathrm{d}z$.

*5. 求下列函数在 ∞ 点的留数.

(1) $\dfrac{1}{z}$；　　(2) $\mathrm{e}^{\frac{1}{z}}$；

(3) $\dfrac{\mathrm{e}^z}{z^2-1}$；　　(4) $\dfrac{1}{(z-3)(z^5-1)}$.

6. 利用留数计算下列实变量积分.

(1) $\int_{0}^{2\pi} \frac{\mathrm{d}\theta}{\frac{5}{4}+\sin\theta}(a>1)$；

(2) $\int_{0}^{2\pi} \frac{\mathrm{d}\theta}{5+3\cos\theta}$;

(3) $\int_{0}^{+\infty} \frac{x^2}{(x^2+1)^2}\mathrm{d}x$；

(4) $\int_{0}^{+\infty} \frac{\sin x}{x(x^2+1)}0\mathrm{d}x$.

第 6 章 保形映射

保形映射是解析函数的几何理论，它不但是复变函数理论的重要部分，也是解决流体力学、弹性力学、电磁学和热学中某实际问题的工具.

6.1 保形映射的概念

导数的几何意义

6.1.1 导数的几何意义

设函数 $w=f(z)$ 在区域 D 内解析，$z_0\in D$，在 z_0 点的导数 $f'(z_0)\neq 0$，过点 z_0 任意引一条有向连续曲线

$$C:z=z(t)\quad (a\leqslant t\leqslant b),$$

设 $z_0=z(t_0)(a\leqslant t_0\leqslant b)$，若 $z'(t_0)$ 存在，且 $z'(t_0)\neq 0$，则 C 在点 z_0 有切线，$z'(t_0)$ 就是切向量，其倾角为 $\varphi=\arg z'(t_0)$.

映射 $w=f(z)$ 把 C 映射成像曲线 Γ，Γ 的参数方程为

$$\Gamma:w=f[z(t)]\quad (a\leqslant t\leqslant b),$$

设 $w_0=w(t_0)=f[z(t_0)]=f(z_0)$，由于 $w'(t_0)=f'(z_0)z'(t_0)\neq 0$，故 Γ 在 w_0 也有切线，$w'(t_0)$ 是切向量，其倾角为

$$\psi=\arg w'(t_0)=\arg f'(z_0)+\arg z'(t_0)=\arg f'(z_0)+\varphi.$$

设 $f'(z_0)=R\mathrm{e}^{\mathrm{i}\alpha}$，则 $\arg f'(z_0)=\alpha$，$|f'(z_0)|=R$，于是

$$\psi-\varphi=\alpha \tag{6-1}$$

且

$$\lim_{\Delta z\to 0}\left|\frac{f(z_0+\Delta z)-f(z_0)}{\Delta z}\right|=\lim_{\Delta z\to 0}\left|\frac{\Delta w}{\Delta z}\right|=R\neq 0. \tag{6-2}$$

假定 x 轴与 u 轴，y 轴与 v 轴的正向相同，且将原曲线的切线正向与映射后像曲线的切线正向间的夹角，理解为原曲线经过映射后的旋转角，则式(6-1)说明：像曲线 Γ 在点 $w_0=f(z_0)$ 的切线正向，可由原曲线 C 在点 z_0 的切线正向旋转一个角 $\arg f'(z_0)$ 得出. $\arg f'(z_0)$ 仅与点 z_0 有关，而与过 z_0 的曲线选择无关，它称为映射 $w=f(z)$ 在点 z_0 的旋转角，这就是导数辐角的几何意义(见图 6-1).

式(6-2)说明：像点间的无穷小距离与原像点间的无穷小距离之比的极限是 $R=|f'(z_0)|$，它仅与 z_0 有关而与过 z_0 的曲线选择无关，$|f'(z_0)|$ 称为映射在点 z_0 的伸缩率，这就是导数模的几何意义.

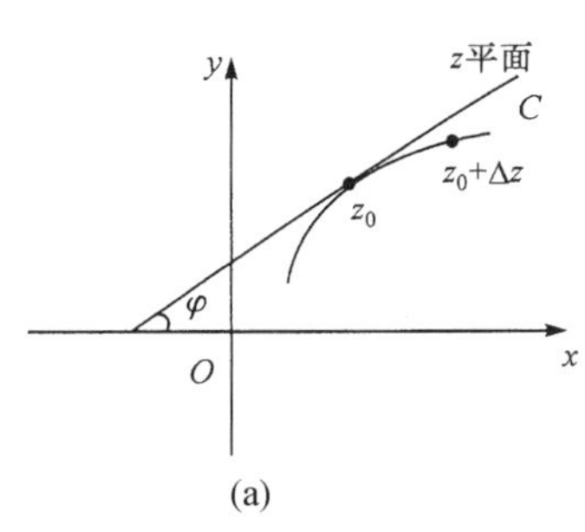

(a)

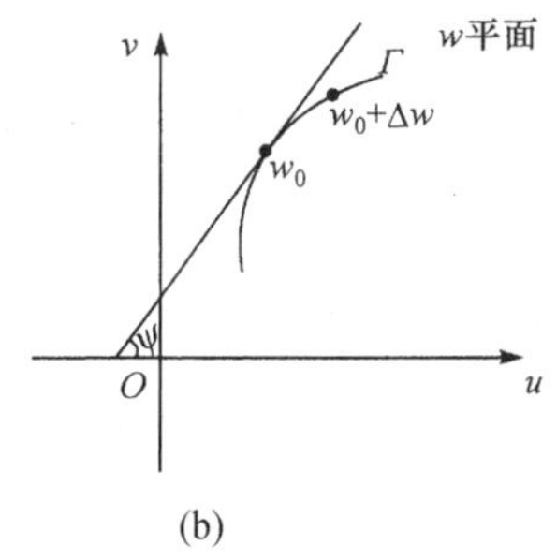

(b)

图 6-1

下面讨论过点 z_0 的两条连续有向曲线 C_1 与 C_2，设 $C_i(i=1,2)$在点 z_0 的切线倾角为 $\varphi_i(i=1,2)$，C_i 在映射 $w=f(z)$下的像曲线$\Gamma_i(i=1,2)$点在$w_0=f(z_0)$的切线倾角为 $\psi_i(i=1,2)$，则由式(6-1)得

$$\psi_1-\varphi_1=\alpha,\psi_2-\varphi_2=\alpha,$$

即$\psi_1-\varphi_1=\psi_2-\varphi_2$，故有

$$\psi_1-\psi_2=\varphi_1-\varphi_2=\beta.$$

这里$\varphi_1-\varphi_2$ 是 C_1 与 C_2 在点 z_0 的夹角(反时针方向为正)，$\psi_1-\psi_2$ 是Γ_1 与Γ_2 在点$w_0=f(z_0)$的夹角(反时针方向为正). 由此可见，这种保角性既保持夹角的大小，又保持夹角的方向(见图 6-2).

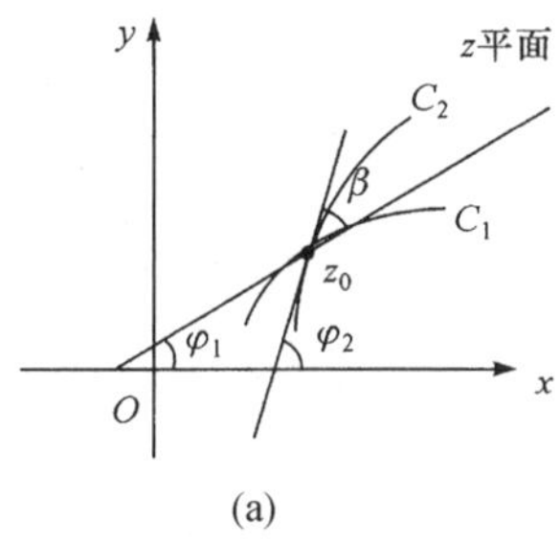

(a)

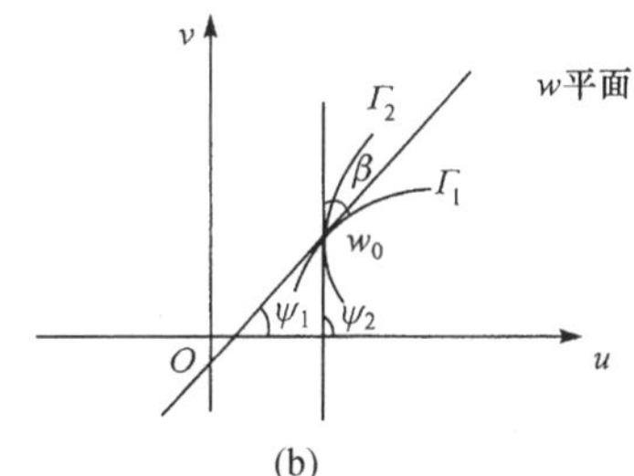

(b)

图 6-2

上面谈到的 C_1 与 C_2 的夹角，Γ_1 与Γ_2 的夹角都是指它们的切线方向所构成的角. 与两曲线的夹角定义是一致的.

定义 6.1　若 $w=f(z)$在点 z_0 的邻域内有定义，且在点 z_0 具有：

(1) 伸缩率不变性；

(2) 过 z_0 点的任意两曲线的夹角在映射 $w=f(z)$下，既保持大小，又保持方向，则称函数 $w=f(z)$在点 z_0 是保角的，也称 $w=f(z)$在点 z_0 处是**保角映射**. 若 $w=f(z)$在区域D 内处处都是保角的，则称 $w=f(z)$在区域 D 内是保角的，也称 $w=f(z)$在 D 内是**保角映射**.

6.1.2 解析函数与单叶解析函数映射特征

由 6.1.1 节的讨论可得到如下定理：

定理 6.1 若 $w = f(z)$在区域D 内解析，则 $w = f(z)$在导数不为零的点是保角映射.

由定理 6.1 可以得到如下定理.

定理 6.2 若 $w = f(z)$在区域D 内单叶解析，则 $w = f(z)$是在D 内的保角映射.

定义 6.2 若$w = f(z)$在区域D 内单叶且在D 内是保角的，则称此映射在D 内是保形的，也称它是D 内的**保形映射**.

由定理 6.1 ～ 定理 6.2 可以得到如下结论.

定理 6.3 若 $w = f(z)$在区域D 内单叶解析，$A = f(D)$，则有

(1)$w = f(z)$将区域D 内保形映射成区域A；

(2) 反函数 $z = f^{-1}(w)$将区域A 保形映射成区域D.

由定理6.3看出：在区域D内的单叶解析函数$w = f(z)$，将D内的一个无穷小曲边三角形 δ 映射成区域$A = f(D)$内的一个曲边三角形 Δ，由于它们的对应角相等，对应边近似地成比例，故 δ 与 Δ 近似地相似"，这就是保形变换这一名词的由来(见图 6-3).

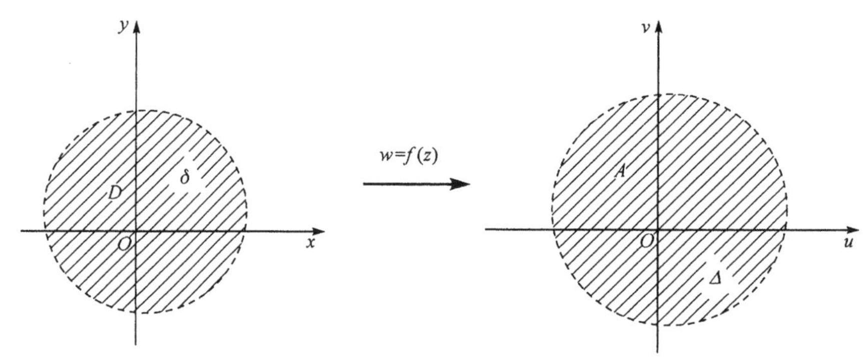

图 6-3

显然，两个单叶解析函数的复合仍然是单叶解析函数，因而它们构成的保形映射的复合仍然是保形映射，这样，便可复合若干个简单的保形映射来构成较为复杂的保形映射.

【例 6.1】 线性映射

$$w = L(z) = \frac{az + b}{cz + d}, \tag{6-3}$$

其中 a,b,c,d 为复常数，且满足 $ad - bc \neq 0$(a,c 不同时为 0).

当 $c = 0$ 时，$L(z) = \dfrac{az + b}{d}$ 在 z 平面上单叶解析，$w = L(z)$在 z 平面内是保形映射.

当 $c \neq 0$ 时，$L(z)$除 $z = -\dfrac{d}{c}$ 外，在 z 平面上每点解析，且当 $z_1 \neq \dfrac{-d}{c}$，$z_2 \neq \dfrac{-d}{c}$，$z_2 \neq z_1$ 时，

$$w_1 - w_2 = L(z_1) - L(z_2) = \frac{az_1 + b}{cz_1 + d} - \frac{az_2 + b}{cz_2 + d} = \frac{(ad - bc)(z_1 - z_2)}{(cz_1 + d)(cz_2 + d)} \neq 0,$$

故 $w = L(z)$ 在 z 平面上除去点 $z = -\frac{d}{c}$ 的区域 G 内单叶解析，于是 $w = L(z)$ 是区域 G 内的保形映射.

6.1.3　在扩充复平面上的保形映射

扩充复平面上的保形变换，只需对无穷远点情形加以讨论.

定义 6.3　若 $\zeta = \frac{1}{f(z)}$ 将 z_0 的一个邻域保形映射为 $\zeta = 0$ 的一个邻域，则称 $w = f(z)$ 把 z_0 的一个邻域保形映射为 $w = \infty$ 的一个邻域；若 $t = \frac{1}{f(1/\zeta)}$ 将 $\zeta = 0$ 的一个邻域保形映射成 $t = 0$ 的一个邻域，则称 $w = f(z)$ 把 $z = \infty$ 的一个邻域保形映射成 $w = \infty$ 的一个邻域；若 $w = \frac{1}{f(1/\zeta)}$ 将 $\zeta = 0$ 的一个邻域保形映射成 $w = w_0$（w_0 不可为 ∞）的一个邻域，则称 $w = f(z)$ 把 $z = \infty$ 的一个邻域保形映射成 $w = w_0$ 的一个邻域.

【例 6.2】　将式(6-3)在扩充 z 平面上加以补充得如下定义：

当 $c = 0$ 时，在 $z = \infty$ 处可定义 $w = \infty$. 当 $c \neq 0$ 时，在 $z = \frac{d}{c}$ 处定义 $w = \infty$，在 $z = \infty$ 处定义 $w = \frac{a}{c}$，这样 $w = L(z) = \frac{az + b}{cz + d}$，$ad - bc \neq 0$ 在整个扩充复平面上有定义.

在例 6.1 中，已知 $w = L(z)$ 在 z 平面上去掉 $z = -\frac{d}{c}$ 后的区域 G 是保形映射.

当 $c = 0$ 时，$t = \frac{1}{L(1/\zeta)} = \frac{d\zeta}{a + b\zeta}$ 将 $\zeta = 0$ 的一个邻域保形映射为 $t = 0$ 的一个邻域，故 $w = L(z)$ 将 $z = \infty$ 的一个邻域保形映射成 $w = \infty$ 的一个邻域.

当 $c \neq 0$ 时，$\zeta = \frac{1}{L(z)} = \frac{cz + d}{az + b}$ 将 $z = -\frac{d}{c}$ 的一个邻域保形映射成 $\zeta = 0$ 的一个邻域，故 $w = L(z)$ 将 $z = -\frac{d}{c}$ 的一个邻域保形映射成 $w = \infty$ 的一个邻域；$w = f(1/\zeta) = \frac{b\zeta + a}{d\zeta + c}$ 将 $\zeta = 0$ 的一个邻域保形映射成为 $w = \frac{a}{c}$ 的一个邻域，故 $w = L(z)$ 将 $z = \infty$ 的一个邻域保形映射成 $w = \frac{a}{c}$ 的一个邻域.

综上所述，$w = L(z)$ 将扩充 z 平面保形映射成扩充 w 平面，它是整个扩充 z 平面上的保形映射.

6.2 关于保形映射的黎曼存在定理和边界对应原理

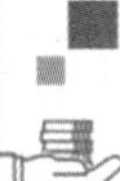

保形映射理论中的一个基本问题是:在扩充复平面上任意给定两个单连通区域 D 与 A,是否存在一个单叶解析函数,使 D 保形映射成 A?简单地说,单连通区域 D 能保形映射成单连通区域 A 的条件是什么?唯一性条件是什么?

上述问题可简化为:在扩充复平面上任给单连通区域 D,能否保形映射成单位圆域?在什么条件下,这种映射是唯一的?

事实上,在简化后的问题中,如果存在肯定的答案,又知道唯一性条件,则先将 D 保形映射成单位圆域,然后将此单位圆域保形映射成 G,两者复合起来就可将 D 保形映射成 G,也能弄清楚这时的唯一性条件.

对于上述简化后的基本问题,有两种极端情形的回答是否定的:第一,区域 D 是扩充复平面;第二,区域 D 是扩充复平面去掉一点(这时 D 只有一个边界点,不妨设除去的是点∞,如果除去的是有限点 z_0,只需作映射 $\zeta=\dfrac{1}{z-z_0}$,将 D 先化成扩充 ζ 平面上去掉点∞的区域).无论哪一种情形,如果 $w=f(z)$ 将它们保形映射成单位圆域,则 $f(z)$ 在 z 平面上解析,且 $|f(z)|<1$,依刘维尔定理,$f(z)$ 必恒为常数,它就不可能成为我们要求的映射.

除去以上两种情形,答案是肯定的.

定理 6.4(黎曼存在与唯一性定理) 扩充 z 平面上的单连通区域 D,其边界点不止一点,则有一个在 D 内的单叶解析函数 $w=f(z)$,它将 D 保形映射成单位圆域 $|w|<1$;且当符合条件

$$f(a)=0,\quad f'(a)>0\quad (a\in D)\tag{6-4}$$

时,这种函数 $f(z)$ 是唯一的.

该定理和下面的两个定理都不再给出证明.

定理 6.5(边界对应定理) 设

(1) 单连通区域 D 与 A 的边界分别为 C 与 Γ;

(2) $w=f(z)$ 将 D 保形映射成 A,

则 $f(z)$ 可以扩张成 $F(z)$,使得在 D 内 $F(z)=f(z)$,在 $\overline{D}=D+C$ 上,$F(z)$ 连续,并且 $w=F(z)$ 把 C 双方单值且双方连续地变成 Γ.

定理6.6(边界对应定理的逆定理)　设单连通区域D与A分别是两条简单闭曲线D与Γ的内部,且函数满足下列条件:

(1)$w=f(z)$在一个包含$\overline{D}=D+C$的区域内解析;

(2)$w=f(z)$将C双方单值地变成Γ,

则

(1)$w=f(z)$在D内单叶;

(2)$A=f(D)$[从而$w=f(z)$把D保形变成A].

此定理说明:寻求将区域D映射成区域A的保形映射,只需将区域D的边界双方单值映射成区域A的边界的解析函数,这正是定理6.6在实际应用中的价值.

6.3　线性映射

6.3.1　线性映射的特性

定义6.4　称

$$w=L(z)=\frac{az+b}{cz+d} \tag{6-5}$$

为**线性映射**,其中,a,b,c,d为常数,且$ad-bc\neq 0$,又规定:

当$c=0$时,$L(\infty)=\infty$;

当$c\neq 0$时,$L(\infty)=\frac{a}{c}$,$L\left(-\frac{d}{c}\right)=\infty$.

这样式(6-5)在扩充z平面上有定义,且有定义在扩充w平面的单值逆映射

$$z=\frac{-dw+b}{aw-a}. \tag{6-6}$$

式(6-6)也是线性映射.

由例6.2知下面定理成立.

定理6.7　线性映射(6-5)在扩充z平面上是保形映射.

定义6.5　在扩充复平面上有顺序的相异四点z_1,z_2,z_3,z_4构成的比

$$\frac{z_4-z_1}{z_4-z_2}:\frac{z_3-z_1}{z_3-z_2}$$

称为它们的交比,记作:(z_1,z_2,z_3,z_4),即

$$(z_1,z_2,z_3,z_4)=\frac{z_4-z_1}{z_4-z_2}:\frac{z_3-z_1}{z_3-z_2}.$$

当四点中有一点为∞时,应将包含此点的项用1代替,例如,当 $z_2=\infty$时,有

$$(z_1,z_2,z_3,z_4)=\frac{z_4-z_1}{1}:\frac{z_3-z_1}{1},$$

即先视 z_2 为有限,再令 $z_2\to\infty$取极限而得.

定理 6.8(线性映射的保交比性) 在线性映射下,四点的交比不变.

证明 设

$$w_i=\frac{az_i+b}{cz_i+d},i=1,2,3,4,$$

则

$$w_i-w_j=\frac{(ad-bc)(z_i-z_j)}{(cz_i+d)(cz_j+d)}\quad(i\neq j).\tag{6-7}$$

因此有

$$(w_1,w_2,w_3,w_4)=\frac{w_4-w_1}{w_4-w_2}:\frac{w_3-w_1}{w_3-w_2}=\frac{z_4-z_1}{z_4-z_2}:\frac{z_3-z_1}{z_3-z_2}=(z_1,z_2,z_3,z_4).$$

从形式上看,线性映射(6-5)具有四个参数 a,b,c,d,但由条件 $ad-bc\neq 0$,可知其中至少有一个不为0,因此可用它去除(6-5)的分子、分母,于是映射(6-5)实际上只依赖于三个复参数(六个实参数).

为确定三个复参数,由定理 6.8,只需任意指定三对对应点

$$z_i\xleftrightarrow{w=L(z)}w_i,i=1,2,3$$

即可,从

$$(w_1,w_2,w_3,w_4)=(z_1,z_2,z_3,z_4),$$

便得变换式(6-5),即 $w=L(z)$,其中,a,b,c,d 就可由 z_i 与$w_i(i=1,2,3)$来确定,且除了相差一个常数因子外是唯一的.

这就证明了如下定理.

定理 6.9 设线性映射将扩充 z 平面上相异三点z_1,z_2,z_3 指定变为w_1,w_2,w_3,则此线性映射就被唯一确定,且可写成

$$\frac{w-w_1}{w-w_2}:\frac{w_3-w_1}{w_3-w_2}=\frac{z-z_1}{z-z_2}:\frac{z_3-z_1}{z_3-z_2}.\tag{6-8}$$

【例 6.3】 求将 2,i,−2,对应地变成−1,i,1 的线性映射.

解 所求线性映射为

$$(-1,\mathrm{i},1,w)=(2,\mathrm{i},-2,z),$$

即

$$\frac{w+1}{w-\mathrm{i}}:\frac{1+1}{1-\mathrm{i}}=\frac{z-2}{z-\mathrm{i}}:\frac{-2-2}{-2-\mathrm{i}}.$$

化简,得

$$\frac{w+1}{w-\mathrm{i}}=\frac{1+3\mathrm{i}}{4}\cdot\frac{z-2}{z-\mathrm{i}}.$$

于是

$$\frac{w+1}{w+1-w+\mathrm{i}}=\frac{(1+3\mathrm{i})(z-2)}{(1+3\mathrm{i})(z-2)-4(z-\mathrm{i})},$$

从而可得

$$w=\frac{z-6\mathrm{i}}{3\mathrm{i}z-2}.$$

在扩充复平面上,直线可以看成是过∞点的圆周或半径无穷大的圆周.

定理 6.10(线性映射的保圆性) 在线性映射(6-5)下,扩充z平面上的圆周映射成扩充w平面上的圆周.

证明 在圆周的方程

$$A(x^2+y^2)+Bx+Cy+D=0$$

中,令

$$x=\frac{z+\bar{z}}{2},y=\frac{z-\bar{z}}{2\mathrm{i}},x^2+y^2=z\bar{z},$$

则圆周的方程为

$$Az\bar{z}+\beta\bar{z}+\bar{\beta}z+D=0,$$

其中A,B,C,D为实常数,$|\beta|^2>AD$(当$A=0$时,表示一直线),$\beta=\frac{1}{2}(B+C\mathrm{i})$. 在映射(6-5)下,利用映射(6-6)及

$$\bar{z}=\frac{-\bar{d}\,\bar{w}+\bar{b}}{\bar{c}\,\bar{w}-\bar{a}},$$

上述圆周变成扩充w平面上的圆周

$$Ew\bar{w}+\gamma\bar{w}+\bar{\gamma}w+F=0,$$

其中

$$E=Ad\bar{d}-(\beta\bar{c}d+\bar{\beta}c\bar{d})+Dc\bar{c},$$

$$F=Ab\bar{b}-(\beta a\bar{b}+\bar{\beta}\bar{a}b)+Da\bar{a},$$

$$\gamma=-Ab$$

都是实数(当$E=0$时,方程表示直线).

这里要注意：如果映射(6-5)把扩充z平面上的圆周C映射成扩充w平面上的圆周Γ，那么C与Γ分别把扩充z平面和扩充w平面分成两个区域D_1，D_2与A_1，A_2. 这里D_1只能映射为A_1或A_2，否则，设z_1，z_2为D_1内任意两点，用曲线段$\overset{\frown}{z_1z_2}$连接z_1，z_2，如果曲线段$\overset{\frown}{z_1z_2}$的像为圆弧$\overset{\frown}{w_1w_2}$(或直线段)，且$w_1\in A_1$，$w_2\in A_2$，那么$\overset{\frown}{w_1w_2}$必与$w_3\Gamma$相交于一点w_3(见图6-4)，因w_3在Γ上，故必是C上一点的像，w_3又在$\overset{\frown}{w_1w_2}$上，故它不是D_1内线段z_1z_2上某一点的像，这与映射(6-5)是双方单值映射矛盾.

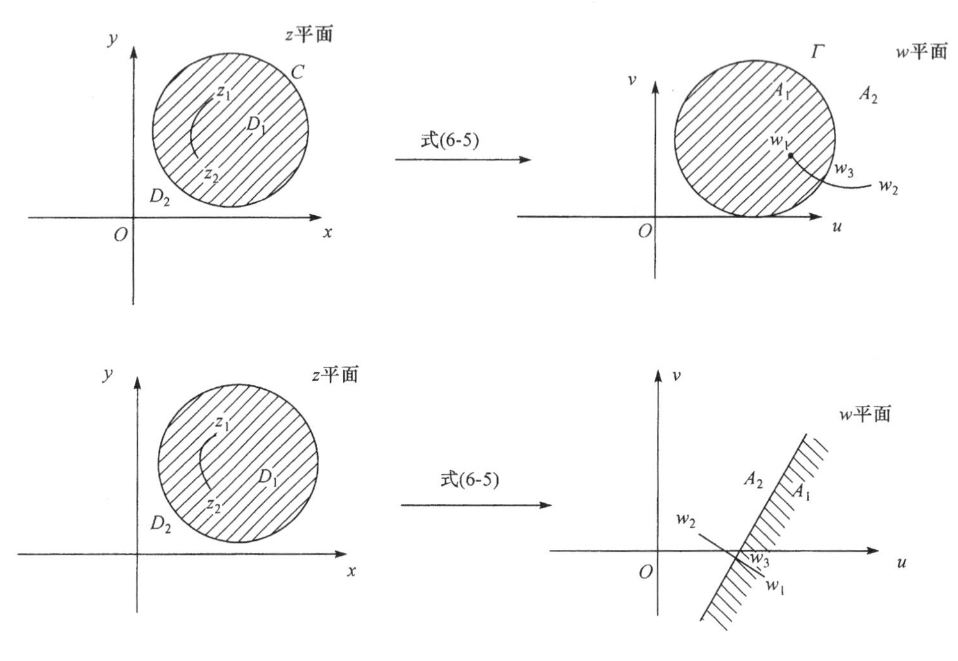

图 6-4

D_1究竟映射为A_1，A_2中的哪一个呢?这可用下述任一方法判定：

(1) 在D_1中任取一点z_1，若z_1的像$w_1\in A_1$，则映射(6-5)把D_1映射成A_1；若z_1的像$w_1\in A_2$，则映射(6-5)把D_1映射成A_2.

(2) 在C上按顺序取三点z_1，z_2，z_3，使得按$z_1\to z_2\to z_3$方向沿C行走时，D_1在观察者的左边，则它们的像按$w_1\to w_2\to w_3$的方向沿Γ行走时，在观察者左方的那个区域就是D_1的像区域，理由如下：

过点z_1作C的一段法线n_1，使n_1含于D_1内(图6-5所给的D_1是C的内部)，故n_1指向观察者的左边. n_1与弧$\overset{\frown}{z_1z_2z_3}$正交，由映射(6-5)的保形性，$n_1$的像$n_1'$也与弧$\overset{\frown}{w_1w_2w_3}$正交，且保持夹角与方向不变，故$n_1'$也指向观察者的左边(见图6-5).

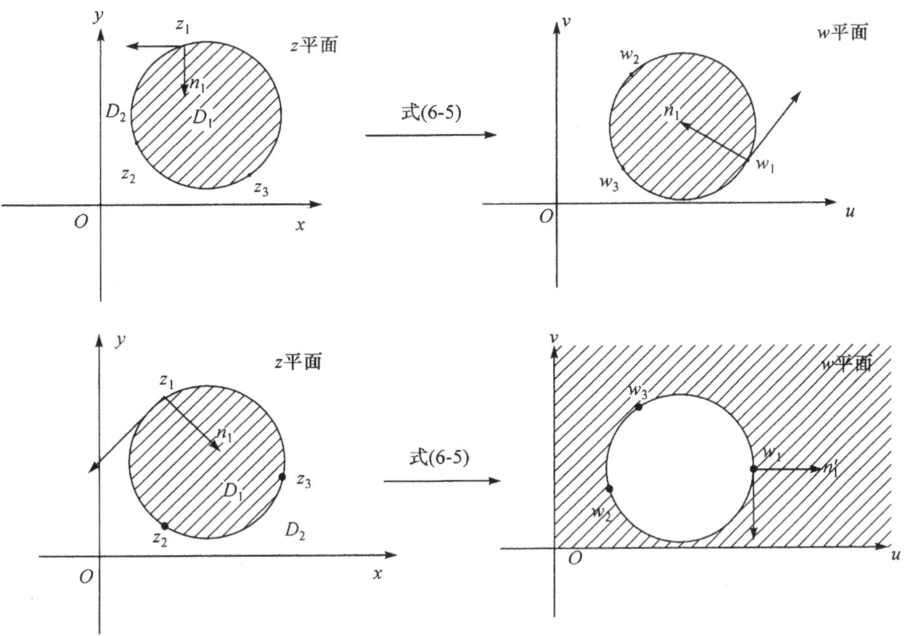

图 6-5

自然，上述的 C 或 Γ 可以是直线，如图 6-6 所示.

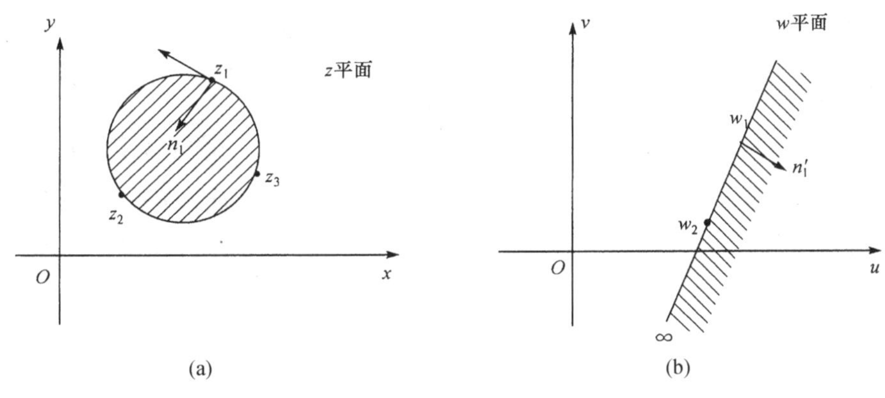

图 6-6

定义 6.6　给定圆周 C：$|z-z_0|=R$，如果两个不取 z_0 的有限点都在过 z_0 的同一射线上，并且满足

$$|z_1-z_0||z_2-z_0|=R^2,$$

便称 z_1，z_2 关于圆周 C 对称（见图 6-7），并规定 z_0 与∞关于 C 对称.

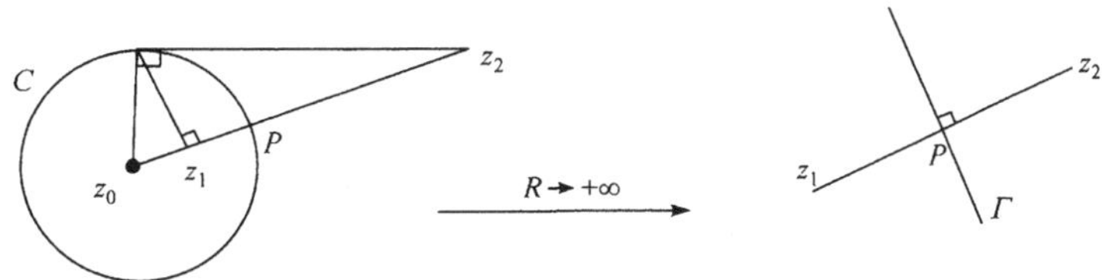

图 6-7

此外，z_1，z_2 关于直线对称的概念，也可视为关于圆周对称的一个特例. 首先，直线可看作半径无穷大的圆周，其次，设 P 是射线与圆周 C 的交点(见图 6-7)，则

$$|z_2-z_0|=R+|z_2-P|,\ |z_1-z_0|=R-|z_1-P|,$$

于是

$$(R+|z_2-P|)(R-|z_1-P|)=R^2$$

或写作

$$|z_2-P|-|z_1-P|=\frac{1}{R}|z_2-P||z_1-P|.$$

当 $R\to\infty$ 时，$\frac{1}{R}|z_2-P||z_1-P|\to 0$，故有

$$|z_2-P|=|z_1-P|.$$

定理 6.11(线性映射的保对称点性) 在线性映射(6-5)之下，记扩充 z 平面上的圆周 C 的像为 Γ，则关于 C 对称的点 z_1，z_2 的像 w_1，w_2 必关于 Γ 对称.

为证明本定理，先证明下面的引理.

引理 6.1 两点 z_1，z_2 是关于圆 C 对称的点的充要条件：过 z_1 及 z_2 的任何圆与圆 C 正交.

证明 如果 C 是直线，或者 C 是半径为有限数的圆周，而 z_1，z_2 中有一个是无穷远点，则引理中结论显然成立.

现在考察圆周 C 为 $|z-z_0|=R(0<R<+\infty)$，而 z_1 及 z_2 都是有限点的情况.

(必要性) 设 z_1 及 z_2 关于圆周 C 对称，那么通过 z_1 及 z_2 的任何圆周 C'，过 z_0 作 C' 的切线，且设切点为 z'(见图 6-8). 于是

$$|z'-z_0|^2=|z_1-z_0||z_2-z_0|=R^2,$$

从而

$$|z'-z_0|=R.$$

这表明 $z'\in C$，而上述 C' 的切线恰是圆周 C 的半径，因此，C 与 C' 直交.

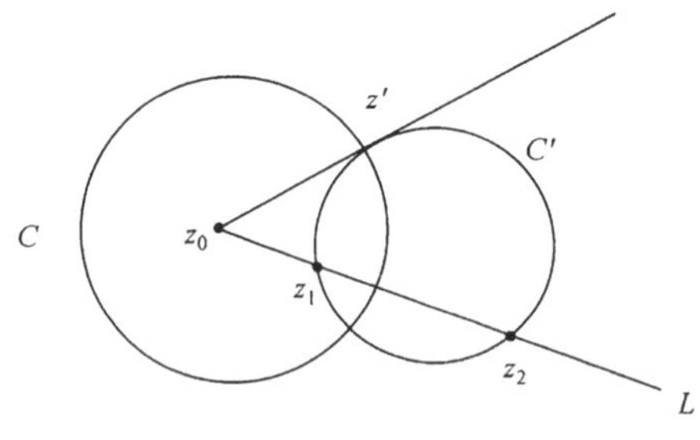

图 6-8

(充分性) 过 z_1，z_2 作一半径有限的圆周 C' 交圆周 C 于 z'，由于圆 C 与 C' 正交，C' 在 z' 的切线通过 C 的圆心 z_0，显然 z_1，z_2 在切线的同一侧，又过 z_1，z_2 作一直线 L，由于 L 与 C 相交，它

过圆心 z_0，于是 z_0 及 z_1 在过 z_0 的一条射线上，并且有

$$|z_1 - z_0||z_2 - z_0| = R^2.$$

这就证明了 z_0 及 z_1 是关于圆周 C 的对称点，引理得证.

下面证明定理 6.11. 过w_1 及w_2 的任何圆周，都是由过 z_1，z_2 的圆周映射而来，据引理 6.1，过 z_1 及 z_2 的任何圆周都与 C 直交，从而由线性映射的保形性，过w_1，w_2 的任何圆周与圆周 Γ 直交，又据引理 6.1，w_1，w_2 关于 Γ 对称. 定理证毕.

6.3.2 典型区域间的线性映射

【例 6.4】 若 a,b,c,d 为实常数，且 $ad-bc>0$，则映射(6-5)把上半平面 $\mathrm{Im}\,z>0$ 保形映射为上半平面 $\mathrm{Im}\,w>0$.

解 事实上，当 z 为实数时，$L(z)$为实数. 由于 $\mathrm{Im}\,i>0$，而

$$w_i = L(\mathrm{i}) = \frac{a\mathrm{i}+b}{c\mathrm{i}+d} = \frac{ac+bd+\mathrm{i}(ad-bc)}{c^2+d^2},$$

$$\mathrm{Im}\,w_i = \frac{1}{c^2+d^2}(ad-bc) > 0,$$

于是式(6-5) 把实轴 $\mathrm{Im}\,z=0$ 映射成实轴 $\mathrm{Im}\,w=0$，且把上平面一点 $z=\mathrm{i}$ 映射成上半平面的一点w_{i}. 故在所说条件下，式(6-5) 把 $\mathrm{Im}\,z>0$ 保形映射成 $\mathrm{Im}\,w>0$.

【例 6.5】 求把上半平面 $\mathrm{Im}z>0$ 映射成单位圆域$|w|<1$ 的保形映射.

解 这种映射应当把 $\mathrm{Im}\,z>0$ 内的某一点 z_0 映射成点 $w=0$；另外，把 $\mathrm{Im}\,z=0$ 映射成$|w|=1$. 由于线性映射把关于实轴的对称点映射成关于圆周$|w|=1$ 的对称点，因此所求映射不仅把点 z_0 映射成点 $w=0$，还应把$\overline{z_0}$ 映射成点∞，故这种映射应为

$$w = k\frac{z-z_0}{z-\overline{z_0}},$$

其中 k 为常数. 其次，如果 z 取实数，则有

$$|w| = |k|\left|\frac{z-z_0}{z-\overline{z_0}}\right| = |k| = 1.$$

于是可取 $k=\mathrm{e}^{\mathrm{i}\theta}$，$\theta$ 为实数. 于是所求映射应为

$$w = \mathrm{e}^{\mathrm{i}\theta}\frac{z-z_0}{z-\overline{z_0}}\ (\mathrm{Im}z_0>0,\theta\text{ 为实数}). \tag{6-9}$$

式(6-9) 中的实数 θ 可用下面两种方法确定：

(1) 在 $\mathrm{Im}\,z>0$ 内取点 $z_1(z_1\neq z_0)$，给出 z_0 的对应点w_1，由

$$w_1 = \mathrm{e}^{\mathrm{i}\theta}\frac{z_1-z_0}{z_1-\overline{z_0}}$$

定出 θ；

(2) 求出 $\arg w'(z_0)$，容易验证

$$\theta = \arg w'(z_0) + \frac{\pi}{2}.$$

显然，式(6-9) 把下半平面保形映射为 $|w| > 1$.

【例 6.6】 求把单位圆域 $|z| < 1$ 映射为单位圆域 $|w| < 1$ 的保形映射，

解 所求映射应把 $|z| < 1$ 内一点 z_0 映射成点 $w = 0$，并把圆周 $|z| = 1$ 映射成圆周 $|w| = 1$. 不难看出 z_0 与 $\frac{1}{\overline{z_0}}$ 关于 $|z| = 1$ 对称，因此所求映射还应把点 $\frac{1}{\overline{z_0}}$ 映射成点∞，故所求映射应取

$$w = k\frac{z - z_0}{z - \frac{1}{\overline{z_0}}} = k_1\frac{z - z_0}{1 - \overline{z_0}z},$$

其中，$k_1 = -\overline{z_0}k$ 为常数，由于 $|z| = 1$ 时，

$$|1 - \overline{z_0}z| = z\overline{z} - \overline{z_0}z = z(\overline{z} - \overline{z_0}) = |z||\overline{z - z_0}| = |\overline{z - z_0}| = |z - z_0|,$$

于是，得

$$|w| = |k_1|\left|\frac{z - z_0}{1 - \overline{z_0}z}\right| = |k_1| = 1.$$

可取 $k_1 = e^{i\theta}$（θ 为实数），故所求映射为

$$w = e^{i\theta}\frac{z - z_0}{1 - \overline{z_0}z}\ (|z_0| < 1, \theta\text{为实数}). \tag{6-10}$$

式(6-10) 中有实数 θ 可用以下两种方法确定：

(1) 给出 $|z| < 1$ 内一点 z_1 ($z_1 \neq 0$)的对应点 w_1，由

$$w_1 = e^{i\theta}\frac{z_1 - z_0}{1 - \overline{z_0}z_1}$$

定出 θ；

(2) 求出 $\arg w'(z_0)$，容易验证 $\theta = \arg w'(z_0)$.

显然，式(6-10) 把 $|z| > 1$ 保形映射为 $|w| > 1$.

【例 6.7】 两圆弧围成的区域称为二角形区域，两圆弧的交点称为它的顶点，在顶点处两圆弧切线的交角称为它的内角. 试证明：线性映射

$$w = \frac{z - a}{z - b} \tag{6-11}$$

把扩充 z 平面上以 a，b 为顶点、内角为 $\alpha\pi$ 的二角形区域[见图 6-9(a)] 保形映射为以 O 为顶点、张角为 $\alpha\pi$ 的角形区域[图 6-9(b)].

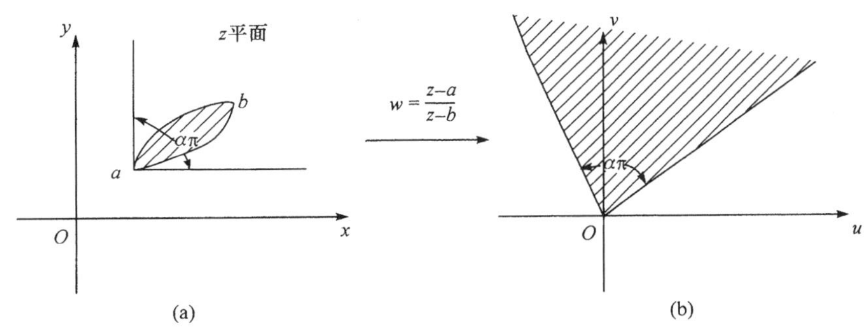

图 6-9

证明　映射

$$w = \frac{z-a}{z-b}$$

将点 $z=a, z=b$ 分别映射为点 $w=0, w=\infty$. 由线性映射的保圆性，围成二角形区域的两圆弧映射成从原点出发的二射线，从而二角形区域映射成角形区域，再由线性映射的保角性，角形区域的张角应为 $\alpha\pi$.

【例 6.8】　求将上半平面保形映射为上半平面的线性映射 $w=L(z)$，使满足条件

$$L(\mathrm{i}) = 1+\mathrm{i} \quad 及 \quad L(0)=0.$$

解　所求映射设为

$$w = \frac{az+b}{cz+d}, \tag{6-12}$$

其中，a,b,c,d 是实数，$ad-bc>0$，由 $L(0)=0$，得 $b=0$，从而 $a\neq 0$，式(6-12)可写成

$$w = \frac{z}{ez+f},$$

其中，$e=\frac{c}{a}, f=\frac{d}{a}$(都是实数). 再由 $L(\mathrm{i})=1+\mathrm{i}$，得

$$1+\mathrm{i} = \frac{\mathrm{i}}{e\mathrm{i}+f},$$

即 $f-e+\mathrm{i}(f+e)=\mathrm{i}$，于是得

$$\begin{cases} f-e=0, \\ f+e=1. \end{cases}$$

解得 $f=e=\frac{1}{2}$，故所求映射为

$$w = \frac{z}{\frac{1}{2}z+\frac{1}{z}},$$

即

$$w = \frac{2z}{z+1}.$$

【例 6.9】　求把 $\mathrm{Im}\, z>0$ 保形映射为 $|w|<1$ 的线性映射 $w=L(z)$，分别满足条件：

(1)$L(\mathrm{i})=0, \arg L'(\mathrm{i})=\frac{\pi}{2}$；　　　　(2)$L(\mathrm{i})=0, L'(\mathrm{i})>0$.

解　由式(6-9),所求映射为

$$w=\mathrm{e}^{\mathrm{i}\theta}\frac{z-\mathrm{i}}{z+\mathrm{i}}.$$

(1)$\theta=\arg L'(\mathrm{i})+\frac{\pi}{2}=\pi$，故 $\mathrm{e}^{\mathrm{i}\theta}=-1$，所求映射为 $w=-\frac{z-\mathrm{i}}{z+\mathrm{i}}$.

(2) 因$L'(\mathrm{i})=\mathrm{e}^{\mathrm{i}\theta}\frac{1}{2\mathrm{i}}>0$，可令 $\mathrm{e}^{\mathrm{i}\theta}=\mathrm{i}$，所求映射为 $w=\mathrm{i}\frac{z-\mathrm{i}}{z+\mathrm{i}}$.

【例 6.10】　求把$|z|<1$保形映射为$|w|<1$的线性映射 $w=L(z)$，分别满足条件：

(1)$L\left(\frac{1}{2}\right)=0, L(1)=-1$；　　　　(2)$L\left(\frac{1}{2}\right)=0, \arg L'\left(\frac{1}{2}\right)=-\frac{\pi}{2}$.

解　由式(6-10),所求映射为 $w=\mathrm{e}^{\mathrm{i}\theta}\dfrac{z-\frac{1}{2}}{1-\frac{1}{2}z}=\mathrm{e}^{\mathrm{i}\theta}\dfrac{2z-1}{2-z}$.

(1) 由 $L(1)=-1$，知 $-1=\mathrm{e}^{\mathrm{i}\theta}$，所求映射为 $w=\frac{2z-1}{z-2}$.

(2)$\theta=-\frac{\pi}{2}, \mathrm{e}^{\mathrm{i}\theta}=-\mathrm{i}$，所求映射为 $w=-\mathrm{i}\frac{2z-1}{2-z}$.

6.4　初等保形映射

在第 2 章我们曾提到过一些初等函数的映射性质,本节将从保形映射的意义上再作一个概述,并结合线性映射,讨论一些区域间的保形映射.

初等函数在它的单叶区域内,显然确定一个在该区域内的保形映射.

6.4.1　幂函数

幂函数 $w=z^n$(n是大于1的自然数),当正数 $\alpha\leqslant\frac{2\pi}{n}$时,角形区域:$0<\arg z<\alpha$是其单叶解析区域,此区域不含点0和∞，因而 $w=z^n$ 将 $0<\arg z<\alpha$ 保形映射成区域 $0<\arg w<n\alpha$(见图 6-10).

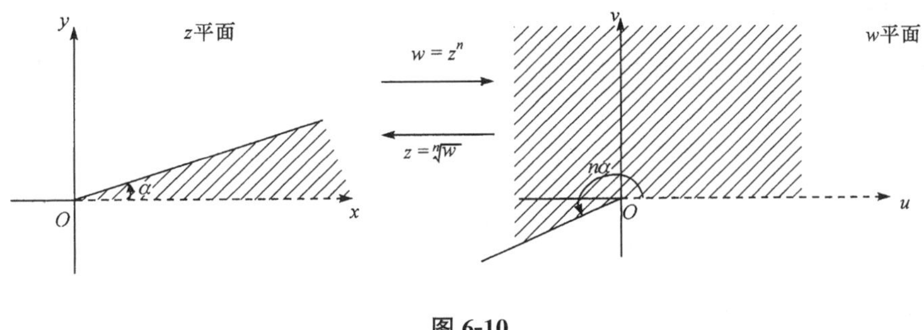

图 6-10

特别地，当 $\alpha=\dfrac{2\pi}{n}$ 时，$w=z^n$ 将 $0<\arg z<\alpha$ 保形映射为沿实轴割开的 w 平面 $0<\arg z<2\pi$（见图 6-11）.

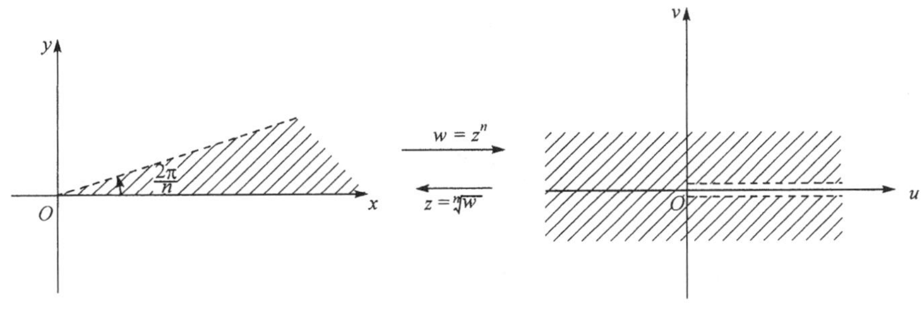

图 6-11

6.4.2　指数函数与对数函数

指数函数 $w=\mathrm{e}^z$ 的单叶解析区域是平行于实轴宽度不超过 2π 的带形区域. 例如，区域 $0<\operatorname{Im} z<(0<h\leqslant 2\pi)$，因为 $\arg w=\operatorname{Im} z$，所以 $w=\mathrm{e}^z$ 将上述区域保形映射为角形区域 $0<\arg w<h$（在特殊情形，即 $h=2\pi$ 时，此角形区域就是沿正实轴和原点割开了的 w 平面）.

对数函数 $z=\ln w$ 就将角形区域：$0<\arg w<h(0<h<2\pi)$ 保形映射为带形区域：$0<\operatorname{Im} z<h(0<h\leqslant 2\pi)$（见图 6-12）.

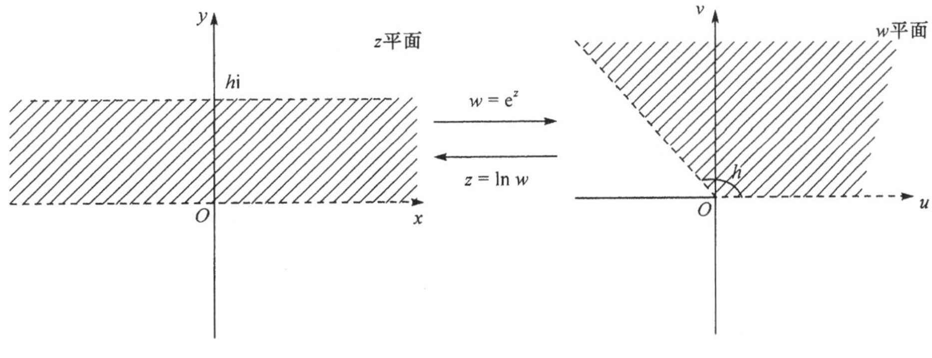

图 6-12

于是,我们看到:将角形区域的张角扩大或缩小的保形映射,可借助于幂函数;而带形区域和角形区域之间的保形映射,可借助于指数函数与对数函数.

【例 6.11】 求将区域

$$|z|<1 \text{ 且 } \operatorname{Im} z>0$$

保形映射到上半平面 $\operatorname{Im} w>0$ 的映射.

解 区域$|z|<1$ 且 $\operatorname{Im} z>0$ 是一个二角形区域,其特殊之处,只在于有一边是直边(过∞点的圆弧),因此可先作映射

$$\zeta_1=\frac{z+1}{z-1}. \tag{6-13}$$

因为z平面上的二角形区域的内角是$\frac{\pi}{2}$,则所在映射(6-13)下的像区域是ζ_1平面上的一个张角为$\frac{\pi}{2}$的角形区域. 又因为

$$\left.\frac{\mathrm{d}\zeta_1}{\mathrm{d}z}\right|_{z=-1}=\left.\left[\frac{-2}{(z-1)^2}\right]\right|_{z=-1}=-\frac{1}{2},$$

所以旋转角为$-\pi$,这样ζ_1平面上的角形区域必如图 6-13 中ζ_1平面上所示的区域:$\pi<\arg \zeta_1<\frac{3\pi}{2}$.

作映射$\zeta_2=-\zeta_1$,就把ζ_1平面上的角形区域映射成ζ_2平面上的角形区域:$0<\arg \zeta_2<\frac{\pi}{2}$.

再作映射 $w=\zeta_2^2$,就把ζ_2平面上的角形区域 $0<\arg \zeta_2<\frac{\pi}{2}$ 映射成了上半平面 $\operatorname{Im} w>0$.

映射过程如图 6-13 所示.

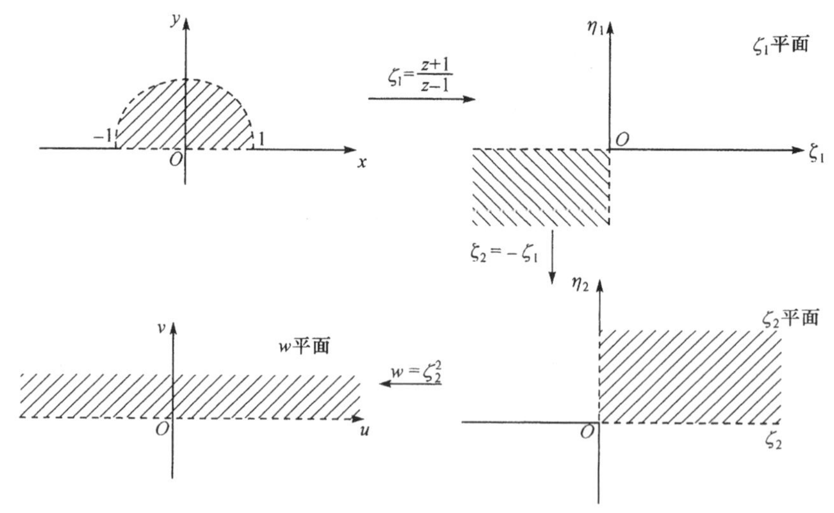

图 6-13

由图 6-13 的三个映射,即得所求映射为 $w=\left(\frac{z+1}{z-1}\right)^2$.

【例 6.12】　求将月牙形区域

$$|z|<1 \text{ 且 } \left|z-\frac{\mathrm{i}}{2}\right|>\frac{1}{2}$$

映射成上半平面 $\mathrm{Im}\,w>0$ 的保形映射.

解　月牙形区域也可视为一个二角形区域，其特殊之处就在于这个二角形区域的两个顶点重合了.

如果作一个线性映射，并把 $z=\mathrm{i}$ 映射成点∞，因而两圆周都映射成直线，且交于∞，那就可指望把月牙形区域映射成带形区域，而对带形区域，可以通过指数函数映射成角形区域，再由角形区域映射成上半平面(见图 6-14).

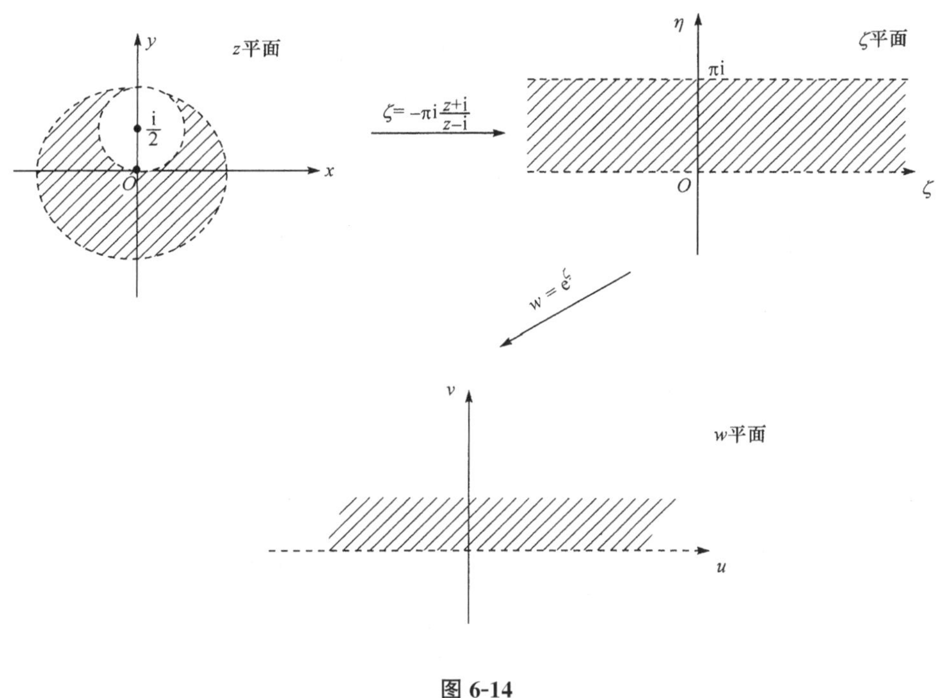

图 6-14

由图 6-14 的两个映射，就可得到所求的映射为

$$w=\mathrm{e}^{-\pi\mathrm{i}\,\frac{z+\mathrm{i}}{z-\mathrm{i}}}.$$

【例 6.13】　求一个保形映射，把具有割痕

$$\mathrm{Re}\,z=a,\quad 0\leqslant \mathrm{Im}\,z\leqslant h$$

的上半平面 $\mathrm{Im}\,z>0$ 映射成上半平面 $\mathrm{Im}\,w>0$.

解　寻求映射的着眼点是设法把割痕“抹平”，把有割痕的区域映射成没有割痕的区域，这样就不难映射成是上半平面了，如图 6-15 所示.

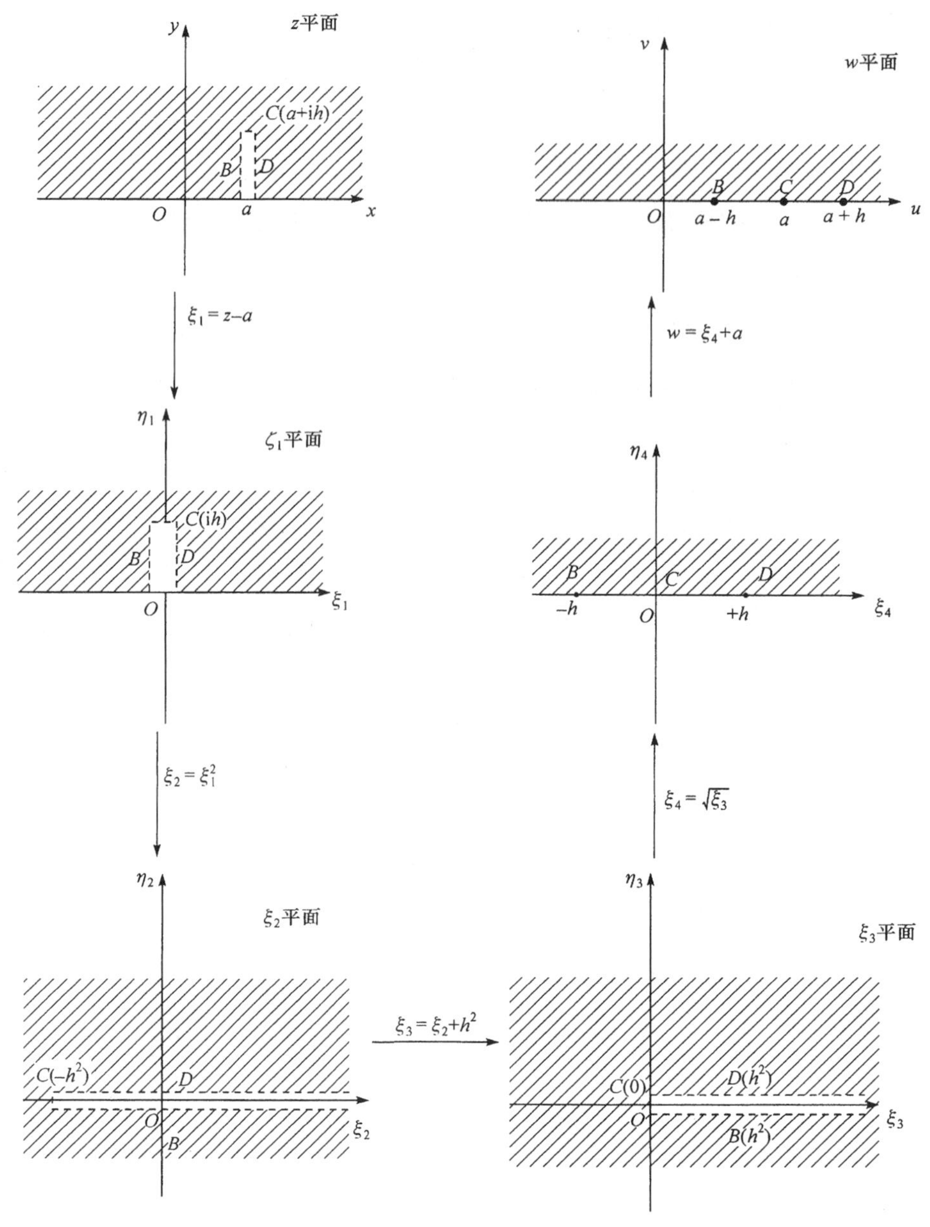

图 6-15

由图 6-15,可得所求映射为

$$w=\sqrt{(z-a)^2+h^2}+a.$$

习题 6

1. 求 $w=z^2$ 在 $z=\mathrm{i}$ 处的伸缩率和旋转角.

2. 若 $w=\dfrac{az+b}{cz+d}$ 把单位圆周 $|z|=1$ 映射成直线,其系数应满足什么条件?

3. 求把上半平面 $\operatorname{Im} z>0$ 映射成单位圆域 $|w|<1$,并且分别满足下列条件之一的线性映射 $w=L(z)$:

(1)$L(\mathrm{i})=0, L(-1)=1$;　　(2)$L(\mathrm{i})=0, \arg L'(\mathrm{i})=0$.

4. 求把单位圆域 $|z|=1$ 映射成单位圆域 $|w|<1$,并且分别满足下列条件之一的线性映射 $w=L(z)$:

(1)$L\left(\dfrac{1}{2}\right)=0, \arg L'\left(\dfrac{1}{2}\right)=0$;　　(2)$L(0)=0, \arg L'(0)=-\dfrac{\pi}{2}$.

5. 求出把上半平面 $\operatorname{Im} z>0$ 保形映射成圆域 $|w|<R$ 的线性映射 $w=L(z)$,使满足条件 $L(\mathrm{i})=0$,若再要求 $L'(\mathrm{i})=1$,此映射是否存在?

6. 求出角形域 $0<\arg z<\dfrac{\pi}{4}$ 到单位圆域 $|w|<1$ 的一个保形映射.

7. 求把圆域 $|z|<\rho$ 保形映射成圆域 $|w|<R$ 的线性映射,使 $z=a(|a|<\rho)$ 变成 $w=0$.

8. 求出圆域 $|z|<2$ 到半平面 $\operatorname{Re} w>0$ 的保形映射 $w=L(z)$,使满足条件

$$f(0)=1, \arg f'(0)=\frac{\pi}{2}.$$

9. 下列区域在指定映射下,映射成什么?

(1)$\operatorname{Re} z>0, w=\mathrm{i}z+\mathrm{i}$;

(2)$\operatorname{Im} z>0, w=(1+\mathrm{i})z$;

(3)$0<\operatorname{Im} z<\dfrac{1}{2}, w=\dfrac{1}{z}$.

10. 求出第一象限到上半平面的保形映射,使 $z=\sqrt{2}\mathrm{i}, 0, 1$ 对应地变成 $w=0, \infty, -1$.

11. 把下列边界为直线或圆弧的区域,保形映射成上半平面,求出实现该映射的任一个函数:

(1)$\operatorname{Im} z>1, |z|<2$;

(2) $|z|>2, |z-\sqrt{2}|<\sqrt{2}$；

(3) $|z|<2, 0<\arg z<\dfrac{\pi}{4}$；

(4) $|z|<2, 0<\arg z<\dfrac{3}{2}\pi$；

(5) 沿连接 $z=0$ 和 $z=a\mathrm{i}$ 的线段有割痕的上半平面；

(6) 单位圆周的外部，且沿虚轴，由 i 到∞有割痕的区域；

(7) 单位圆周的内部，且沿由 0 到 1 的半径为割痕的区域；

(8) $|z|<2, |z-1|>1$；

(9) $a<\operatorname{Re} z<b$；

(10) $\operatorname{Re} z>0, 0<\operatorname{Im} z<a$.

第7章 傅里叶变换

傅里叶变换是一种对连续时间函数的积分变换,它通过特定形式的积分建立了函数之间的对应关系.它既能简化计算,又具有明确的物理意义,因而在许多领域被广泛地应用,如电力工程、通信和控制领域以及其他许多数学、物理和工程技术领域.

在数学中,为了将较复杂的运算转化为较简单的运算,常常采用积分变换这一工具.积分变换的发展可以追溯到19世纪,当时数学家们为了解决物理学和工程学中的微分方程问题,逐步提出了相关的理论和方法.英国著名的无线电工程师奥利弗·海维赛德(Oliver Heaviside)在求解电工学和物理学中的线性微分方程时,提出了一种称为"符号法"的实用方法,为积分变换的发展提供了重要思路.后来,符号法与其他数学理论相结合,逐步演变为今天的积分变换法.积分变换在数学、物理学和工程学中有着广泛的应用.所谓积分变换,就是把某函数类 A 中的函数 $f(t)$ 乘上一个确定的二元函数 $k(t,s)$,然后计算积分,即

$$F(s)=\int_{\Omega} f(t)k(t,s)\mathrm{d}t,$$

这样将 $f(t)$ 转换为另一个函数类 B 中的函数 $F(s)$. 这里二元函数 $k(t,s)$ 是一个确定的二元函数,通常称为该积分变换的核,$f(t)$ 称为像原函数,$F(s)$ 称为 $f(t)$ 的像函数.当选取不同的积分域和核函数时,就会得到不同名称的积分变换.

设 $\mathbf{R}$ 是全体实数的集合,当 $\omega\in\mathbf{R}, a=-\infty, b=+\infty$ 时,由核函数 $k(t,\omega)=\mathrm{e}^{it\omega}$ 所确定的积分变换

$$F(\omega)=\int_{-\infty}^{+\infty} f(t)\mathrm{e}^{-\mathrm{i}\omega t}\mathrm{d}t$$

就是傅里叶变换.

设 s 属于复数集 $\mathbf{C}$, 当 $t\in[0,+\infty), a=0, b=+\infty$ 时,则由核函数 $k(s,t)=\mathrm{e}^{-st}$ 所确定的积分变换

$$F(s)=\int_{0}^{+\infty} f(t)\mathrm{e}^{-st}\mathrm{d}t$$

就是拉普拉斯变换.

7.1 傅里叶积分公式

7.1.1 傅里叶级数的复数形式

我们知道,以 T 为周期的函数 $f_T(t)$ 在区间 $[-T,T]$ 上满足狄利克雷(Dirichlet)条件,则在区间 $\left[-\frac{T}{2},\frac{T}{2}\right]$ 上就可以展成傅里叶级数.

在函数 $f_T(t)$ 的连续点处，级数的三角形式为

$$f_T(t)=\frac{a_0}{2}+\sum_{n=1}^{+\infty}(a_n\cos n\omega t+b_n\sin n\omega t), \tag{7-1}$$

其中，$\omega=\frac{2\pi}{T}$；

$$a_n=\frac{2}{T}\int_{-\frac{T}{2}}^{\frac{T}{2}}f_T(t)\cos n\omega t\,\mathrm{d}t\,(n=0,1,2,\cdots);$$

$$b_n=\frac{2}{T}\int_{-\frac{T}{2}}^{\frac{T}{2}}f_T(t)\sin n\omega t\,\mathrm{d}t\,(n=1,2,\cdots).$$

为今后应用上的方便，下面把傅里叶级数转换为复指数形式. 由欧拉公式

$$\cos\theta=\frac{\mathrm{e}^{\mathrm{i}\theta}+\mathrm{e}^{-\mathrm{i}\theta}}{2},\sin\theta=\frac{\mathrm{e}^{\mathrm{i}\theta}-\mathrm{e}^{-\mathrm{i}\theta}}{2},$$

此时，式(7-1) 可写为

$$f_T(t)=\frac{a_0}{2}+\sum_{n=1}^{+\infty}\left(\frac{a_n-\mathrm{i}\,b_n}{2}\mathrm{e}^{\mathrm{i}n\omega t}+\frac{a_n+\mathrm{i}\,b_n}{2}\mathrm{e}^{-\mathrm{i}n\omega t}\right),$$

再令

$$c_0=\frac{a}{2},c_n=\frac{a_n-\mathrm{i}\,b_n}{2},c_{-n}=\frac{a_n+\mathrm{i}\,b_n}{2}(n=1,2,3,\cdots),$$

若令$\omega_n=n\omega\,(n=0,\pm1,\pm2,\cdots)$，则式(7-1) 可写为

$$\begin{aligned}f_T(t)&=c_0+\sum_{n=1}^{+\infty}(c_n\mathrm{e}^{\mathrm{i}\omega_n t}+c_{-n}\mathrm{e}^{-\mathrm{i}\omega_n t})\\&=\sum_{-\infty}^{+\infty}c_n\mathrm{e}^{\mathrm{i}\omega_n t},\end{aligned} \tag{7-2}$$

其中$c_n=\frac{1}{T}\int_{-\frac{T}{2}}^{\frac{T}{2}}f_T(t)\mathrm{e}^{-\mathrm{i}\omega_n t}\mathrm{d}t\,(n=0,\pm1,\pm2,\cdots)$. 这就是傅里叶级数的复数形式.

一般而言，任何一个非周期函数 $f(t)$ 都可以看成是由某个周期函数 $f_T(t)$ 当周期 $T\to+\infty$ 时转化而来的，即

$$\lim_{T\to+\infty}f_T(t)=f(t).$$

下面我们讨论非周期函数的展开问题.

7.1.2　傅里叶积分公式

在式(7-2) 中令 $T\to+\infty$时，所得的极限可以看成是 $f(t)$ 的展开，即

$$f(t)=\lim_{T\to+\infty}\frac{1}{T}\sum_{n=-\infty}^{+\infty}\left[\int_{-\frac{T}{2}}^{\frac{T}{2}}f_T(\tau)\mathrm{e}^{-\mathrm{i}\omega_n\tau}\mathrm{d}\tau\right]\mathrm{e}^{\mathrm{i}\omega_n t}.$$

当 n 取一切整数时，ω_n 所对应的点均匀地分布在整个数轴上. 若取两个相邻点的距离以 $\Delta\omega$

表示，即

$$\Delta\omega=\omega_n-\omega_{n-1}=\frac{2\pi}{T}\text{ 或 }T=\frac{2\pi}{\Delta\omega},$$

则当 $T\to+\infty$时，有 $\Delta\omega\to 0$，所以上式又可以写为

$$f(t)=\lim_{\Delta\omega\to 0}\frac{1}{2\pi}\sum_{n=-\infty}^{+\infty}\left[\int_{-\frac{T}{2}}^{\frac{T}{2}}f_T(\tau)\mathrm{e}^{-\mathrm{i}\omega_n\tau}\mathrm{d}\tau\right]\mathrm{e}^{\mathrm{i}\omega_n t}\Delta\omega, \tag{7-3}$$

当 t 固定时，$\frac{1}{2\pi}\int_{-\frac{T}{2}}^{\frac{T}{2}}f_T(\tau)\mathrm{e}^{-\mathrm{i}\omega\tau}\mathrm{d}\tau\mathrm{e}^{\mathrm{i}\omega t}$ 是参数ω 的函数，记作：$\Phi_T(\omega)$，即

$$\Phi_T(\omega)=\frac{1}{2\pi}\int_{-\frac{T}{2}}^{\frac{T}{2}}f_T(\tau)\mathrm{e}^{-\mathrm{i}\omega\tau}\mathrm{d}\tau\mathrm{e}^{\mathrm{i}\omega t}.$$

利用$\Phi_T(\omega)$可将式(7-3)写成

$$f(t)=\lim_{\Delta\omega\to 0}\sum_{n=-\infty}^{+\infty}\Phi_T(\omega_n)\Delta\omega.$$

很明显，当 $\Delta\omega\to 0$ 时，即 $T\to+\infty$，有$\Phi_T(\omega)\to\Phi(\omega)$，这里

$$\Phi(\omega)=\frac{1}{2\pi}\int_{-\infty}^{+\infty}f(\tau)\mathrm{e}^{-\mathrm{i}\omega\tau}\mathrm{d}\tau\mathrm{e}^{\mathrm{i}\omega t},$$

由定积分的定义，有

$$\begin{aligned}f(t)&=\int_{-\infty}^{+\infty}\Phi(\omega)\mathrm{d}\omega\\&=\frac{1}{2\pi}\int_{-\infty}^{+\infty}\left[\int_{-\infty}^{+\infty}f(\tau)\mathrm{e}^{-\mathrm{i}\omega\tau}\mathrm{d}\tau\right]\mathrm{e}^{\mathrm{i}\omega t}\mathrm{d}\omega.\end{aligned}\tag{7-4}$$

这个公式称为非周期函数 $f(t)$的傅里叶积分公式(简称傅里叶积分公式)，等号右端的积分式称为函数 $f(t)$ 的傅里叶积分(简称傅里叶积分). 应该指出，上式只是由式(7-3) 的右端从形式上推导出来的，是不严格的. 至于一个非周期函数 $f(t)$ 在什么条件下，可以用傅里叶积分公式表示，有下面的定理.

定理 7.1(傅里叶积分定理)　若函数 $f(t)$ 在$(-\infty,+\infty)$ 上满足：

(1) 在任一有限区间上满足狄利克雷条件；

(2) 在无限区间$(-\infty,+\infty)$ 上绝对可积(即积分$\int_{-\infty}^{+\infty}|f(t)|\mathrm{d}t$ 收敛) 则有

$$\frac{1}{2\pi}\int_{-\infty}^{+\infty}\left[\int_{-\infty}^{+\infty}f(\tau)\mathrm{e}^{-\mathrm{i}\omega\tau}\mathrm{d}\tau\right]\mathrm{e}^{\mathrm{i}\omega t}\mathrm{d}\omega=\begin{cases}f(t), & \text{在连续点处}\\ \frac{1}{2}[f(t+0)+f(t-0)], & \text{在间断点处,}\end{cases}\tag{7-5}$$

定理的证明要用到较多的基础理论，这里从略.

式(7-5) 是傅里叶积分公式的复指数形式，利用欧拉公式，可以转换为如下的三角形式. 因为积分$\int_{-\infty}^{+\infty}f(\tau)\sin\omega(t-\tau)\mathrm{d}\tau$ 和$\int_{-\infty}^{+\infty}f(\tau)\cos w(t-\tau)\mathrm{d}\tau$ 分别是ω 的奇函数和偶函数，所以有

$$
\begin{aligned}
f(t) &= \frac{1}{2\pi}\int_{-\infty}^{+\infty}\left[\int_{-\infty}^{+\infty} f(\tau)\mathrm{e}^{-\mathrm{i}\omega\tau}\mathrm{d}\tau\right]\mathrm{e}^{\mathrm{i}\omega t}\mathrm{d}\omega \\
&= \frac{1}{2\pi}\int_{-\infty}^{+\infty}\left[\int_{-\infty}^{+\infty} f(\tau)\mathrm{e}^{-\mathrm{i}\omega(\tau-t)}\mathrm{d}\tau\right]\mathrm{d}\omega \\
&= \frac{1}{2\pi}\int_{-\infty}^{+\infty}\left[\int_{-\infty}^{+\infty} f(\tau)\cos\omega(t-\tau)\mathrm{d}\tau + \mathrm{i}\int_{-\infty}^{+\infty} f(\tau)\sin\omega(t-\tau)\mathrm{d}\tau\right]\mathrm{d}\omega \\
&= \frac{1}{2\pi}\int_{-\infty}^{+\infty}\left[\int_{-\infty}^{+\infty} f(\tau)\cos\omega(t-\tau)\mathrm{d}\tau\right]\mathrm{d}\omega \\
&= \frac{1}{2\pi}\int_{0}^{+\infty}\mathrm{d}\omega\int_{-\infty}^{+\infty} f(\tau)\cos\omega(t-\tau)\mathrm{d}\tau.
\end{aligned}
$$

这就是 $f(t)$的傅里叶积分公式的三角表示式.

7.2　傅里叶变换

7.2.1　傅里叶变换的概念

定义 7.1　如果函数 $f(t)$满足傅里叶积分定理,由式(7-4),设

$$F(\omega)=\int_{-\infty}^{+\infty} f(t)\mathrm{e}^{-\mathrm{i}\omega t}\mathrm{d}t \tag{7-6}$$

则

$$f(t)=\frac{1}{2\pi}\int_{-\infty}^{+\infty} F(\omega)\mathrm{e}^{\mathrm{i}\omega t}\mathrm{d}\omega. \tag{7-7}$$

从上面两式可以看出 $f(t)$和 $F(\omega)$通过指定的积分运算可以互相转换,式(7-6) 称为 $f(t)$的傅里叶变换式(简称傅里叶变换),记作:

$$F(\omega)=\mathcal{F}[f(t)].$$

$F(\omega)$称为 $f(t)$的像函数,其积分运算称为取 $f(t)$的傅里叶变换. 式(7-7) 称作 $F(\omega)$的傅里叶逆变换式,记作:

$$f(t)=\mathcal{F}^{-1}[F(\omega)].$$

$f(t)$称作 $F(\omega)$的像原函数,其积分运算称为取 $f(t)$的傅里叶逆变换. 通常称像函数 $F(\omega)$与像原函数 $f(t)$构成一个傅里叶变换对.

【例 7.1】 求指数衰减函数 $f(t)=\begin{cases}0, & t<0,\\ e^{-\beta t}, & t\geqslant 0\end{cases}$ 的傅里叶变换及傅里叶积分表达式，$\beta>0$. 指数衰减函数，是工程技术中常遇到的一个函数.

解 由傅里叶变换的定义

$$\begin{aligned}F(\omega)&=\mathcal{F}[f(t)]\\&=\int_0^{+\infty}e^{-\beta t}e^{-i\omega t}dt\\&=\frac{1}{\beta+i\omega}\\&=\frac{\beta-i\omega}{\beta^2+\omega^2}.\end{aligned}$$

其傅里叶积分表达式为

$$\begin{aligned}f(t)&=\mathcal{F}^{-1}[F(\omega)]\\&=\frac{1}{2\pi}\int_{-\infty}^{+\infty}\frac{\beta-i\omega}{\beta^2+\omega^2}e^{i\omega t}d\omega\\&=\frac{1}{2\pi}\int_{-\infty}^{+\infty}\frac{(\beta-i\omega)(\cos\omega t+i\sin\omega t)}{\beta^2+\omega^2}d\omega,\end{aligned}$$

利用奇、偶函数的积分性质，可得

$$f(t)=\frac{1}{\pi}\int_0^{+\infty}\frac{\beta\cos\omega t+\omega\sin\omega t}{\beta^2+\omega^2}dt.$$

由此便得到一个含参变量广义积分的结果：

$$\int_0^{+\infty}\frac{\beta\cos\omega t+\omega\sin\omega t}{\beta^2+\omega^2}dt=\begin{cases}0, t<0,\\ \dfrac{\pi}{2}, t=0,\\ \pi e^{-\beta t}, t>0.\end{cases}$$

求一个函数的积分表达式时，能够得到某些含参变量广义积分的值，这是积分变换的一个重要作用，也是含参变量广义积分的一种巧妙的解法.

7.2.2 δ 函数及其傅里叶变换

在物理学中，除了有连续分布的物理量外，常有集中于某一点或某一瞬时的量，如脉冲力、脉冲电压、点电荷、质点的质量等. 在通常意义下的函数类中找不到一个函数来表示这种性质，只有引入一个特殊函数来表示它们的分布密度，才有可能把这种集中的量与连续分布的量来统一处理，这个函数称为**狄拉克(Dirac) 函数**，简称 **δ 函数**.

δ 函数是一个广义函数，它没有通常意义下的“函数值”，也不能用通常意义下的“值的对应

关系”来定义. 形式上 δ 函数可看成是普通函数序列的极限，即

$$\delta(t)=\lim_{\tau\to 0}\delta_\tau(t),$$

其中，$\delta_\tau(t)=\begin{cases}0,\ t<0\\ \dfrac{1}{\tau},\ 0\leqslant t\leqslant\tau,\\ 0,t>\tau,\end{cases}$ $\delta_\tau(t)$ 的图形如图 7-1 所示. 对于任何的 $\tau>0$，显然有

$$\int_{-\infty}^{+\infty}\delta_\tau(t)\mathrm{d}t=\int_0^\tau\frac{1}{\tau}\mathrm{d}t=1,$$

所以

$$\int_{-\infty}^{+\infty}\delta(t)\mathrm{d}t=1.$$

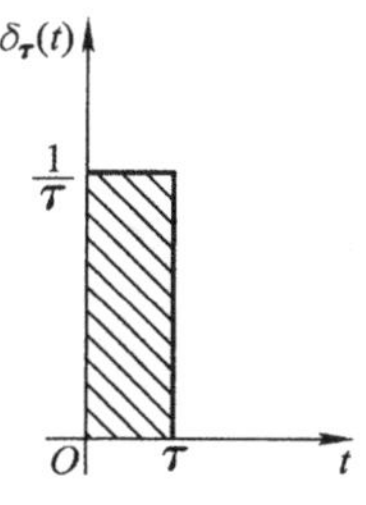

图 7-1

如上所述，δ 函数可以理解为：这个函数在 $t=0$ 的非常狭小的邻域内取非常大的值，在这个邻域以外，函数值处处为零. 工程上，常将 δ 函数称为单位脉冲函数，并用一个长度为 1 的有向线段来表示，这个线段的长度表示 δ 函数的积分值，称为 δ 函数的强度，如图 7-2 所示.

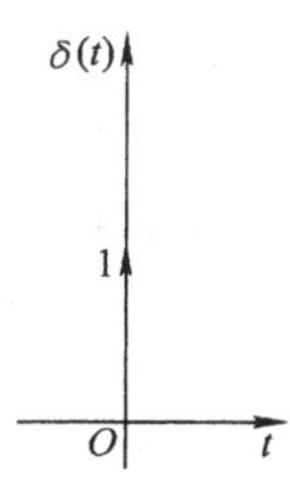

图 7- 2

δ 函数有一重要性质(筛选性质)，如果 δ 函数与某一连续函数相乘，则其乘积仅在 $t=0$ 处得到 $f(0)\delta(t)$，在其余各点($t\neq 0$)的乘积均为零，于是

$$\int_{-\infty}^{+\infty}\delta(t)f(t)\mathrm{d}t=f(0).\tag{7-8}$$

同理，对于有延时 t_0 的 δ 函数 $\delta(t-t_0)$，只有在 $t=t_0$ 时才不等于零、因此有

$$\int_{-\infty}^{+\infty}\delta(t-t_0)f(t)\mathrm{d}t=\int_{-\infty}^{+\infty}\delta(t-t_0)f(t_0)\mathrm{d}t=f(t_0).\tag{7-9}$$

式(7-8) 和式(7-9) 表示 δ 函数的筛选(又称采样) 性质，它表明 δ 函数与任何连续函数的乘

积在$(-\infty,+\infty)$上的积分有明确的意义，这个性质对连续信号的离散采样十分重要，因此在工程技术中有广泛的应用.

由式(7-8)可得δ函数的傅里叶变换

$$F(\omega)=\mathcal{F}[\delta(t)]=\int_{-\infty}^{+\infty}\delta(t)\mathrm{e}^{-\mathrm{i}\omega t}\,\mathrm{d}t=\mathrm{e}^{-\mathrm{i}\omega t}\Big|_{t=0}=1,$$

$$\delta(t)=\mathcal{F}^{-1}[1]=\frac{1}{2\pi}\int_{-\infty}^{+\infty}1\mathrm{e}^{\mathrm{i}\omega t}\,\mathrm{d}\omega.$$

一般地，有

$$F(\omega)=\mathcal{F}[\delta(t-t_0)]=\int_{-\infty}^{+\infty}\delta(t-t_0)\mathrm{e}^{-\mathrm{i}\omega t}\,\mathrm{d}t=\mathrm{e}^{-\mathrm{i}\omega t_0}.$$

因此，$\delta(t)$与1，$\delta(t-t_0)$与$\mathrm{e}^{-\mathrm{i}\omega t_0}$分别构成了傅里叶变换对. 需要指出的是，以上的积分不是通常意义下的积分，它们是根据δ函数的定义和筛选性质从形式上推导出来的，所以δ函数的傅里叶变换应理解为一种广义的傅里叶变换. 在工程技术中，有许多重要的函数不满足傅里叶积分定理的条件，例如常数函数、符号函数、单位阶跃函数、正弦函数和余弦函数等，但它们的广义傅里叶变换也是存在的(所谓广义是相对古典意义而言的，这涉及广义函数论等较复杂的理论，在此不做深入的讨论). 利用单位脉冲函数及其傅里叶变换可以求出它们的傅里叶变换.

【例 7.2】 证明：$f(t)=1$的傅里叶变换为$F(\omega)=2\pi\delta(\omega)$.

证明

$$\begin{aligned}f(t)=\mathcal{F}^{-1}[F(\omega)]&=\frac{1}{2\pi}\int_{-\infty}^{+\infty}F(\omega)\mathrm{e}^{\mathrm{i}\omega t}\,\mathrm{d}\omega\\&=\frac{1}{2\pi}\int_{-\infty}^{+\infty}2\pi\delta(\omega)\mathrm{e}^{\mathrm{i}\omega t}\,\mathrm{d}\omega=\mathrm{e}^{\mathrm{i}\omega t}\Big|_{\omega=0}=1,\end{aligned}$$

所以1的傅里叶变换为$F(\omega)=2\pi\delta(\omega)$.

同理，$\mathrm{e}^{\mathrm{i}\omega_0 t}$的傅里叶变换是$F(\omega)=2\pi\delta(\omega-\omega_0)$.

【例 7.3】 求余弦函数$f(t)=\cos\omega_0 t$的傅里叶变换.

解

$$\begin{aligned}F(\omega)=\mathcal{F}[f(t)]&=\int_{-\infty}^{+\infty}\cos\omega_0 t\mathrm{e}^{-\mathrm{i}\omega t}\,\mathrm{d}t\\&=\frac{1}{2}\int_{-\infty}^{+\infty}(\mathrm{e}^{\mathrm{i}\omega_0 t}+\mathrm{e}^{-\mathrm{i}\omega_0 t})\mathrm{e}^{-\mathrm{i}\omega t}\,\mathrm{d}t\\&=\frac{1}{2}[2\pi\delta(\omega-\omega_0)+2\pi\delta(\omega+\omega_0)]\\&=\pi[\delta(\omega-\omega_0)+\delta(\omega+\omega_0)].\end{aligned}$$

7.3 傅里叶变换的性质

这一节我们将介绍傅里叶变换的一些基本性质. 为了叙述方便,假设所涉及的函数的傅里叶变换都存在.

7.3.1 线性性质

线性性质

$$\mathcal{F}[\alpha f_1(t)+\beta f_2(t)]=\alpha\mathcal{F}[f_1(t)]+\beta\mathcal{F}[f_2(t)]\ (\alpha,\beta\text{ 为常数}).$$

这个性质说明函数的线性组合的傅里叶变换等于各函数傅里叶变换的线性组合.

同理,逆变换具有类似的线性性质,即

$$\mathcal{F}^{-1}[\alpha F_1(\omega)+\beta F_2(\omega)]=\alpha\mathcal{F}^{-1}[F_1(\omega)]+\beta\mathcal{F}^{-1}[F_2(\omega)].$$

7.3.2 位移性质

设 $\mathcal{F}[f(t)]=F(\omega)$,$t_0$ 为实常数,则

$$\mathcal{F}[f(t-t_0)]=\mathrm{e}^{-\mathrm{i}\omega t_0}F(\omega).$$

这个性质也称为时移性,表示时间函数 $f(t)$沿 t 轴向右平移(也称延时)t_0 后的傅里叶变换等于 $f(t)$的傅里叶变换乘以因子 $\mathrm{e}^{-\mathrm{i}\omega t_0}$.

同样,傅里叶逆变换也具有类似的位移性质,即

$$\mathcal{F}^{-1}[F(\omega-\omega_0)]=f(t)\mathrm{e}^{\mathrm{i}\omega_0 t}.$$

7.3.3 微分性质

若 $f'(t)$在$(-\infty,+\infty)$上连续或只有有限个可去间断点,且当$|t|\to+\infty$时,$f(t)\to 0$,则

$$\mathcal{F}[f'(t)]=\mathrm{i}\omega\mathcal{F}[f(t)].$$

这个性质说明一个函数的导数的傅里叶变换等于这个函数的傅里叶变换乘以因子 $\mathrm{i}\omega$.

同样,我们还可以得到像函数的导数公式,即

$$\frac{\mathrm{d}F(\omega)}{\mathrm{d}\omega}=-\mathrm{i}\mathcal{F}[tf(t)].$$

7.3.4 对称性质

设 $\mathcal{F}[f(t)]=F(\omega)$，则

$$\mathcal{F}[F(t)]=2\pi f(-\omega).$$

这个性质说明了傅里叶变换与其逆变换的关系.

7.3.5 积分性质

若当 $t\to+\infty$时，$g(t)=\int_{-\infty}^{t}f(t)\mathrm{d}t\to 0$，则

$$\mathcal{F}\left[\int_{-\infty}^{t}f(t)\mathrm{d}t\right]=\frac{1}{\mathrm{i}\omega}\mathcal{F}[f(t)].$$

这个性质表明一个函数积分后的傅里叶变换等于这个函数的傅里叶变换除以 $\mathrm{i}\omega$. 当 $\lim\limits_{t\to+\infty}g(t)\neq 0$ 时，积分性质应为

$$\mathcal{F}\left[\int_{-\infty}^{t}f(t)\mathrm{d}t\right]=\frac{1}{\mathrm{i}\omega}\mathcal{F}[f(t)]+\pi F(0)\delta(\omega).$$

7.3.6 相似性质

设 $\mathcal{F}[f(t)]=F(\omega)$，$a\neq 0$，则

$$\mathcal{F}[f(at)]=\frac{1}{|a|}F\left(\frac{\omega}{a}\right).$$

同样，逆变换也具有类似的相似性质，即

$$\mathcal{F}^{-1}[F(a\omega)]=\frac{1}{|a|}f\left(\frac{t}{a}\right).$$

【例 7.4】 求矩形单脉冲函数 $f(t)=\begin{cases}E, & 0<t<\tau,\\ 0, & \text{其他}\end{cases}$ 的傅里叶变换.

解 由傅里叶变换的定义，有

$$F(\omega)=\mathcal{F}[f(t)]=\int_{-\infty}^{+\infty}f(t)\mathrm{e}^{-\mathrm{i}\omega t}\mathrm{d}t=-\frac{E}{\mathrm{i}\omega}\mathrm{e}^{-\mathrm{i}\omega t}\Big|_{0}^{\tau}=\frac{2E}{\omega}\mathrm{e}^{-\mathrm{i}\frac{\omega t}{2}}\sin\frac{\omega\tau}{2}.$$

又注意到，记

$$f_1(t)=\begin{cases}E, & |t|<\dfrac{\tau}{2},\\ 0, & \text{其他},\end{cases}$$

则$F_1(\omega)=\mathcal{F}[f_1(t)]=\frac{2E}{\omega}\sin\frac{\omega\tau}{2}$，$f(t)=f_1\left(t-\frac{\tau}{2}\right)$，由位移性质知

$$F(\omega)=\mathcal{F}[f(t)]=\mathcal{F}\left[f_1\left(t-\frac{\tau}{2}\right)\right]=\mathrm{e}^{-\mathrm{i}\omega\tau}\mathcal{F}[f_1(t)]=\frac{2E}{\omega}\mathrm{e}^{-\mathrm{i}\frac{\omega\tau}{2}}\sin\frac{\omega\tau}{2}.$$

【例 7.5】　已知$\mathcal{F}[f(t)]=F(\omega)$，求$\mathcal{F}[(t-2)f(t)]$.

解　$\mathcal{F}[(t-2)f(t)]=\mathcal{F}[tf(t)-2f(t)]$

$$=\mathcal{F}[tf(t)]-2\mathcal{F}[f(t)]=\mathrm{i}F'(\omega)-2F(\omega).$$

习题 7

1. 试证：若$f(t)$满足傅里叶积分定理中的条件，则有

$$f(t)=\frac{1}{\pi}\int_0^{+\infty}\left[\int_{-\infty}^{+\infty}f(\tau)\cos\omega(t-\tau)\mathrm{d}\tau\right]\mathrm{d}\omega.$$

2. 试证：若$f(t)$满足傅里叶积分定理中的条件：

(1) 当$f(t)$为奇函数时，则有$f(t)=\int_0^{+\infty}b(\omega)\sin\omega t\,\mathrm{d}\omega$，其中$b(\omega)=\frac{2}{\pi}\int_{-\infty}^{+\infty}f(\tau)\sin\omega\tau\,\mathrm{d}\tau$；

(2) 当$f(t)$为偶函数时，则有$f(t)=\int_0^{+\infty}a(\omega)\cos\omega t\,\mathrm{d}\omega$，其中$a(\omega)=\frac{2}{\pi}\int_{-\infty}^{+\infty}f(\tau)\cos\omega\tau\,\mathrm{d}\tau$；

3. 求下列函数的傅里叶变换.

(1) $f(t)=\mathrm{e}^{-\beta|t|}\ (\beta>0)$；

(2) $f(t)=\mathrm{e}^{-|t|}\cos t$；

(3) $f(t)=\begin{cases}\sin t, & |t|\leqslant\pi,\\ 0, & |t|>\pi;\end{cases}$

(4) $f(t)=\begin{cases}A\cos\omega_0 t, & |t|\leqslant T,\\ 0, & |t|>T;\end{cases}$

(5) $f(t)=\begin{cases}\frac{1}{2}-\frac{1}{2}\cos\frac{\pi t}{T}, & |t|<T,\\ 0, & |t|>T;\end{cases}$

(6) $f(t)=\frac{\sin\alpha t}{\pi t}$.

4. 已知某函数的傅里叶变换为$F(\omega)=\frac{\sin\omega}{\omega}$，求该函数$f(t)$.

5. 求函数$f(t)=\sin t\cos t$的傅里叶变换.

6. 求函数$f(t)=\sin\left(5t+\frac{\pi}{3}\right)$的傅里叶变换.

7. 求函数$f(t)=\frac{1}{2}\left[\delta(t+a)+\delta(t-a)+\delta\left(t+\frac{a}{2}\right)+\delta\left(t-\frac{a}{2}\right)\right]$的傅里叶变换.

8. 求下列函数的傅里叶积分.

(1) $f(t)=\begin{cases}1-t^2, & |t|<1,\\ 0, & |t|>1;\end{cases}$　　(2) $f(t)=\begin{cases}0, & t<0,\\ \mathrm{e}^{-t}\sin 2t, & t\geqslant 0;\end{cases}$

(3) $f(t)=\begin{cases}-1, & -1\leqslant t<0,\\ 1, & 0<t\leqslant 1,\\ 0, & t>1.\end{cases}$

9. 利用傅里叶变换的性质求下列函数的傅里叶变换.

(1) $tf(at-b)$;　　(2) $\dfrac{\mathrm{d}}{\mathrm{d}t}f(at-b)$;

(3) $(at-b)f(at-b)$;　　(4) $\int_{-\infty}^{t} f(2t-2)\mathrm{d}t$;

(5) $f(t)\cos\omega_0(t-b)$.

10. 利用像函数的微分性质,求 $f(t)=t\mathrm{e}^{-t^2}$ 的傅里叶变换.

11. 设函数 $f(t)=\begin{cases}1, & |t|<1,\\ 0, & |t|>1,\end{cases}$ 利用对称性质,证明:$\mathcal{F}\left[\dfrac{\sin t}{\tau}\right]=\begin{cases}\pi, & |\omega|<1,\\ 0, & |\omega|>1.\end{cases}$

第 8 章 拉普拉斯变换

力学的许多函数(如位移、速度、加速度等)的自变量在$(-\infty, 0)$范围内没有意义,对这样的函数不能作傅里叶变换,但可以进行拉普拉斯变换.拉普拉斯变换是针对自变量在$[0, +\infty)$范围内函数的一种积分变换,积分变换的条件比傅里叶变换弱得多,在电学、光学、力学等工程技术领域中有着广泛的应用,在求解微分方程和积分方程方面也有重要应用.

8.1 拉普拉斯变换的概念及其存在定理

定义 8.1 设函数 $f(t), t>0$，而且积分

$$\int_0^{+\infty} f(t)\mathrm{e}^{-st}\mathrm{d}t \quad (s\text{ 是一个复参数})$$

在 s 的某一个区域内收敛，此积分可写成

$$F(s)=\int_0^{+\infty} f(t)\mathrm{e}^{-st}\mathrm{d}t, \tag{8-1}$$

则称式(8-1)为 $f(t)$ 的拉普拉斯变换式，记作：$F(s)=\mathcal{L}[f(t)]$；$F(s)$ 称为 $f(t)$ 的拉普拉斯变换像函数.

若 $F(s)$ 是 $f(t)$ 的拉普拉斯变换，则称 $f(t)$ 为 $F(s)$ 的拉普拉斯逆变换（或称为像原函数），记作：

$$f(t)=\mathcal{L}^{-1}[F(s)].$$

定理 8.1 设 $f(t)$ 满足下列条件：

(1) $f(t)$ 及其 $f'(t)$ 在 $[0,+\infty)$ 内连续，最多只有第一类间断点，但在任一有限区间上只有有限个第一类间断点；

(2) 存在常数 $M>0$ 及 $C>0$，使对任何 $t(0\leqslant t<+\infty)$，

$$|f(t)|\leqslant Me^{Ct} \tag{8-2}$$

成立[满足此条件的函数 $f(t)$ 称为指数级函数，C 为它的增长指数]，则 $f(t)$ 的拉普拉斯变换 $F(s)$ 在半平面 $\mathrm{Re}\, s>C$ 内存在，在此半平面内，$F(s)$ 是解析函数，且

$$F'(s)=\int_0^{+\infty}\frac{\partial}{\partial s}[f(t)\mathrm{e}^{-st}]\mathrm{d}t. \tag{8-3}$$

证明 设 $\mathrm{Re}\, s=\beta$，由式(8-2)知

$$|f(t)\mathrm{e}^{-st}|=|f(t)\mathrm{e}^{-\beta t}|\leqslant M\mathrm{e}^{-(\beta-C)t}.$$

令 $\beta-C>\delta$，δ 为任意正数，则

$$|f(t)\mathrm{e}^{-st}|\leqslant M\mathrm{e}^{-\delta t}.$$

从而由

$$\int_0^{+\infty} M\mathrm{e}^{-\delta t}\mathrm{d}t=\frac{M}{\delta}$$

知，积分

$$\int_{0}^{+\infty} f(t)\mathrm{e}^{-st}\mathrm{d}t$$

在 $\mathrm{Re}\,s > C+\delta$ 内绝对收敛，且 $F(s)$ 在半平面 $\mathrm{Re}\,s > C$ 内存在. 又

$$\left|\int_{0}^{+\infty} \frac{\partial}{\partial s}[f(t)\mathrm{e}^{-st}]\mathrm{d}t\right| \leqslant \int_{0}^{+\infty}\left|\frac{\partial}{\partial s}[f(t)\mathrm{e}^{-st}\right|\mathrm{d}t\int_{0}^{+\infty}|Mt\mathrm{e}^{-\delta t}|\mathrm{d}t = \frac{M}{\delta^2},$$

故积分 $\int_{0}^{+\infty}\frac{\partial}{\partial s}[f(t)\mathrm{e}^{-st}]\mathrm{d}t$ 在半平面 $\mathrm{Re}\,s > C+\delta$ 上一致收敛，从而可交换积分与求导顺序，得

$$\frac{\mathrm{d}}{\mathrm{d}s}F(s) = \frac{\mathrm{d}}{\mathrm{d}s}\int_{0}^{+\infty} f(t)\mathrm{e}^{-st}\mathrm{d}t = \int_{0}^{+\infty}\frac{\partial}{\partial s}[f(t)\mathrm{e}^{-st}]\mathrm{d}t.$$

这样 $F(s)$ 的导数在 $\mathrm{Re}\,s > C$ 内存在，从而在此半平面内 $F(s)$ 是解析函数.

显然定理 8.1 的条件只是拉普拉斯变换存在的充分条件. 但在通常的应用中，大多数函数 $f(t)$ 都能满足这两个条件，对于不满足这两个条件的拉普拉斯变换式，需在遇到这种情况时，单独讨论.

由于 $F(s)$ 在 $\mathrm{Re}\,s=\beta > C$ 内解析，于是在计算 $F(s)$ 时，可先计算出

$$\int_{0}^{+\infty} f(t)\mathrm{e}^{-\beta t}\mathrm{d}t = G(\beta).$$

若 $G(s)$ 在 $\mathrm{Re}\,s > C$ 内解析，则由解析函数唯一性定理便可得出 $F(s)=G(s)$，$\mathrm{Re}\,s > C$.

【例 8.1】　设

$$u(t)=\begin{cases}1, & t>0,\\ 0, & t<0.\end{cases}$$

求 $\mathcal{L}[u(t)]$.

解　$|u(t)|\leqslant 1(M=1, C=0, \mathrm{e}^0=1)$，因为

$$\int_{0}^{+\infty} u(t)\mathrm{e}^{-\beta}\mathrm{d}t = \int_{0}^{+\infty}\mathrm{e}^{-\beta t}\mathrm{d}t = \left.\frac{\mathrm{e}^{-\beta t}}{-\beta}\right|_{0}^{+\infty} = \frac{1}{\beta}\quad(\beta=\mathrm{Re}\,s).$$

而 $F(s)=\frac{1}{s}$ 在 $\mathrm{Re}\,s > 0$ 内解析，故

$$\mathcal{L}[u(t)] = \frac{1}{s}, \mathrm{Re}\,s > 0.$$

【例 8.2】　求 $f(t)=\mathrm{e}^{kt}$（k 为实数）的拉普拉斯变换.

解　$|f(t)|=\mathrm{e}^{kt}(M=1, C=k)$，因为

$$\int_{0}^{+\infty}\mathrm{e}^{kt}\mathrm{e}^{-\beta t}\mathrm{d}t = \int_{0}^{+\infty}\mathrm{e}^{-(\beta-k)t}\mathrm{d}t = \frac{1}{\beta-k}\quad(\mathrm{Re}\,s=\beta),$$

而 $\frac{1}{s-k}$ 在 $\mathrm{Re}\,s > k$ 内解析，故

$$\mathcal{L}[\mathrm{e}^{kt}] = \frac{1}{s-k}, \mathrm{Re}\,s > k.$$

【例 8.3】 设 $f_T(t)$ 是以 T 为周期的周期函数，且在一个周期上，只有有限多个第一类间断点，试证：

$$\mathcal{L}[f_T(t)] = \frac{1}{1-e^{-ST}}\int_0^T f_T(t)e^{-st}dt, \mathrm{Re}\, s > 0.$$

证明 由假设条件，$f_T(t)$ 是有界函数，故存在 $M>0$ 使 $|f_T(t)| \leqslant M$，它的增大是指数级的 $(C=0)$，从而 $f_T(t)$ 满足定理 8.1 的条件，于是在 $\mathrm{Re}\, s>0$ 时，有

$$\mathcal{L}[f_T(t)] = \int_0^{+\infty} f_T(t)e^{-st}dt = \int_0^T f_T(t)e^{-st}dt + \int_T^{+\infty} f_T(t)e^{-st}dt.$$

在右端第二个积分中，令 $t=u+T$，则

$$\begin{aligned}\int_T^{+\infty} f_T(t)e^{-st}dt &= \int_0^{+\infty} f_T(u+T)e^{-s(u+T)}du \\ &= e^{-sT}\int_0^{+\infty} f_T(u)e^{-su}du \\ &= e^{-sT}\mathcal{L}[f_T(t)],\end{aligned}$$

于是得到

$$\mathcal{L}[f_T(t)] = \int_0^T f_T(t)e^{-st}dt + e^{-sT}\mathcal{L}[f_T(t)],$$

即

$$\mathcal{L}[f_T(t)] = \frac{1}{1-e^{-sT}}\int_0^T f_T(t)e^{-st}dt.$$

【例 8.4】 求图 8-1 中周期函数的拉普拉斯变换.

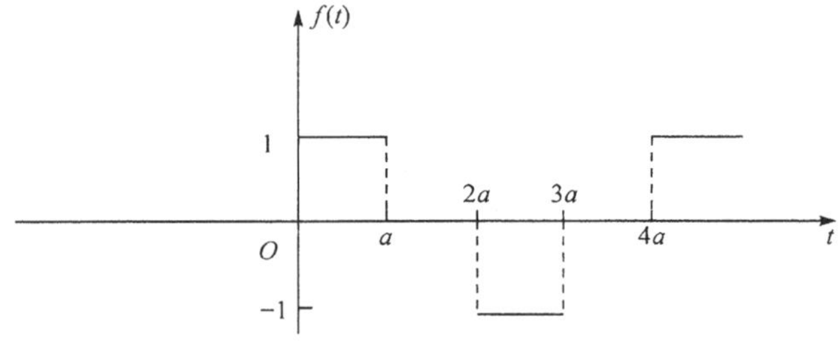

图 8-1

解 如图 8-1 所示，周期函数 $f_T(t)$ 的周期 $T=4a$，

$$\int_0^T f_T(t)e^{-st}dt = \int_0^a e^{-st}dt + \int_{2a}^{3a}(-e^{-st})dt = \frac{1-e^{-sa}+e^{-3sa}-e^{-2sa}}{s},$$

于是

$$\begin{aligned}\mathcal{L}[f_T(t)] &= \frac{1}{s(1-e^{-4as})}(1-e^{-sa}+e^{-3sa}-e^{-2sa}) \\ &= \frac{(1-e^{-sa})(1-e^{-2sa})}{s(1+e^{-2sa})(1-e^{-2sa})} = \frac{(1-e^{-sa})}{s(1+e^{-2sa})}.\end{aligned}$$

8.2　拉普拉斯变换的性质

以下假定求拉普拉斯变换的函数都满足定理 8.1 的条件.

8.2.1　线性性质

设a_1,a_2为常数,$f_1(t),f_2(t)$皆在集合E上连续,且

$$\mathcal{L}[f_1(t)]=F_1(s),\mathrm{Re}\,s>C_1,$$

$$\mathcal{L}[f_2(t)]=F_2(s),\mathrm{Re}\,s>C_2,$$

设$C=\max\{C_1,C_2\}$,则有

$$\mathcal{L}[a_1f_1(t)+a_2f_2(t)]=a_1F_1(s)+a_2F_2(s),\quad \mathrm{Re}\,s>C,\tag{8-4}$$

$$\mathcal{L}^{-1}[a_1F_1(s)+a_2F_2(s)]=a_1f_1(t)+a_2f(t),\quad t>0.\tag{8-5}$$

该性质由定义 8.1 及积分的线性性质便可推出.

【例 8.5】　求 $f(t)=\sin kt$(k为实数)的拉普拉斯变换.

解　因为$\sin kt=\dfrac{\mathrm{e}^{\mathrm{i}kt}-\mathrm{e}^{-\mathrm{i}kt}}{2\mathrm{i}}$, 所以

$$\int_0^{+\infty}\sin kt\,\mathrm{e}^{-st}\,\mathrm{d}t=\int_0^{+\infty}\frac{\mathrm{e}^{\mathrm{i}kt}-\mathrm{e}^{-\mathrm{i}kt}}{2\mathrm{i}}\mathrm{e}^{-st}\,\mathrm{d}t=\frac{1}{2\mathrm{i}}\int_0^{+\infty}(\mathrm{e}^{\mathrm{i}kt}-\mathrm{e}^{-\mathrm{i}kt})\mathrm{e}^{-st}\,\mathrm{d}t$$

$$=\frac{1}{2\mathrm{i}}\left(\frac{1}{s-\mathrm{i}k}-\frac{1}{s+\mathrm{i}k}\right)=\frac{k}{s^2+k^2}\quad(\mathrm{Re}\,s>0).$$

同理可得

$$\mathcal{L}[\cos kt]=\frac{s}{s^2+k^2},\mathrm{Re}\,s>0.$$

【例 8.6】　求 $f(t)=\dfrac{1}{2}\mathrm{e}^{-t}+2\mathrm{e}^{2t}+\sin t$ 的拉普拉斯变换.

解

$$\mathcal{L}[f(t)]=\mathcal{L}\left(\frac{1}{2}\mathrm{e}^{-t}+2\mathrm{e}^{2t}+\sin t\right)$$

$$=\frac{1}{2}\mathcal{L}[\mathrm{e}^{-t}]+2\mathcal{L}[\mathrm{e}^{2t}]+\mathcal{L}[\sin t]$$

$$=\frac{1}{2(s+1)}+\frac{2}{s-2}+\frac{1}{s^2+1},\mathrm{Re}\,s>2.$$

8.2.2 位移性质

设 a 为常数，

$$\mathcal{L}[f(t)]=F(s),\mathrm{Re}\,s>C,$$

则

$$\mathcal{L}[\mathrm{e}^{at}f(t)]=F(s-a),\mathrm{Re}(s-a)>C. \tag{8-6}$$

证明
$$\begin{aligned}\mathcal{L}[\mathrm{e}^{at}f(t)]&=\int_0^{+\infty}\mathrm{e}^{at}f(t)\mathrm{e}^{-st}\mathrm{d}t\\&=\int_0^{+\infty}f(t)\mathrm{e}^{-(s-a)t}\mathrm{d}t=F(s-a),\mathrm{Re}(s-a)>C.\end{aligned}$$

【例 8.7】 求 $f(t)=\mathrm{e}^{-3t}\cos 2t$ 的拉普拉斯变换.

解 因为 $\mathcal{L}[\cos 2t]=\dfrac{s}{s^2+2^2},\mathrm{Re}\,s>0$，由式(8-6)，有

$$\mathcal{L}[\mathrm{e}^{-3t}\cos 2t]=\frac{(s+3)}{(s+3)^2+2^2},\mathrm{Re}(s+3)>0.$$

8.2.3 延迟性质

若 $\mathcal{L}[f(t)]=F(s),\mathrm{Re}\,s>C$，且 $t<0$ 时，$f(t)=0$，则对任意的非负实数 τ，有

$$\mathcal{L}[f(t-\tau)]=\mathrm{e}^{-s\tau}F(s),\mathrm{Re}\,s>C, \tag{8-7}$$

或

$$\mathcal{L}^{-1}[\mathrm{e}^{-s\tau}F(s)]=f(t-\tau).$$

证明 根据拉普拉斯变换的定义，有

$$\mathcal{L}[f(t-\tau)]=\int_0^{+\infty}f(t-\tau)\mathrm{e}^{-st}\mathrm{d}t=\int_0^{\tau}f(t-\tau)\mathrm{e}^{-st}\mathrm{d}t+\int_{\tau}^{+\infty}f(t-\tau)\mathrm{e}^{-st}\mathrm{d}t.$$

因为 $t<\tau$ 时，$f(t-\tau)=0$，故上式右端第一个积分为 0，对第二个积分，令 $t-\tau=u$，则

$$\begin{aligned}\mathcal{L}[f(t-\tau)]&=\int_0^{+\infty}f(u)\mathrm{e}^{-s(u+\tau)}\mathrm{d}u\\&=\mathrm{e}^{-s\tau}\int_0^{+\infty}f(u)\mathrm{e}^{-su}\mathrm{d}u=\mathrm{e}^{-s\tau}F(s),\mathrm{Re}\,s>C.\end{aligned}$$

函数 $f(t-\tau)$ 与 $f(t)$ 相比，$f(t)$ 从 $t=0$ 开始有非零数值，而 $f(t-\tau)$ 从 $t=\tau$ 开始有非零数值，即延迟了一段时间 τ，从它们的图像来看，$f(t-\tau)$ 的图像由 $f(t)$ 的图像沿 τ 轴向右平移距离 τ 而得，如图 8-2 所示.

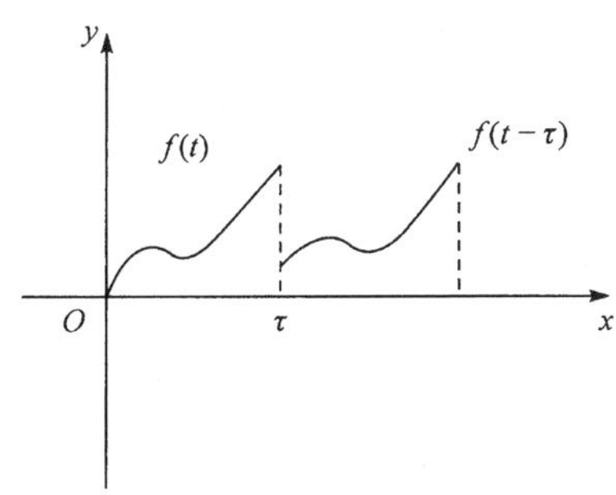

图 8-2

【例 8.8】 求 $u(t-\tau)=\begin{cases}1, & t>\tau,\\ 0, & t<\tau\end{cases}$ 的拉普拉斯变换.

解 由 $\mathcal{L}[u(t)]=\dfrac{1}{s}$,$\mathrm{Re}\,s>0$ 及式(8-7)得

$$\mathcal{L}[u(t-\tau)]=\frac{1}{s}\mathrm{e}^{-s\tau},\mathrm{Re}\,s>0.$$

【例 8.9】 求由图 8-3 所示阶梯函数的拉普拉斯变换.

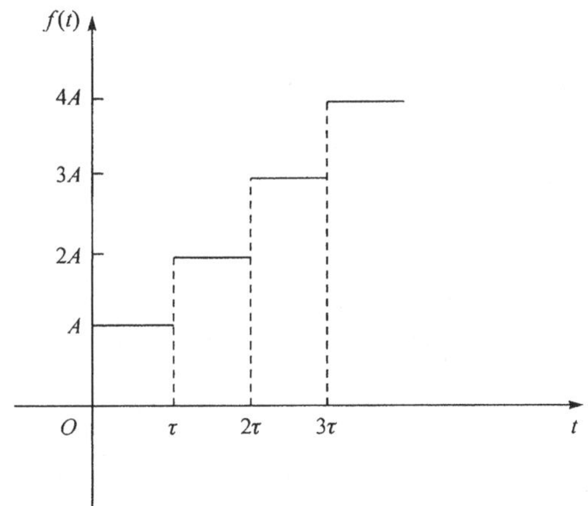

图 8-3

解 $f(t)=A[u(t)+u(t-\tau)+u(t-2\tau)+\cdots]$,

$$\mathcal{L}[f(t)]=A\left(\frac{1}{s}+\frac{1}{s}\mathrm{e}^{-s\tau}+\frac{1}{s}\mathrm{e}^{-2s\tau}+\cdots\right)$$

$$=\frac{A}{s}(1+\mathrm{e}^{-s\tau}+\mathrm{e}^{-2s\tau}+\cdots).$$

因当 $\mathrm{Re}\,s>0$ 时,有 $|\mathrm{e}^{-3\tau}|<1$,故有 $\mathcal{L}[f(t)]=\dfrac{A}{s}\dfrac{1}{1-\mathrm{e}^{-s\tau}}$,$\mathrm{Re}\,s>0$.

8.2.4 微分性质

设 $\mathcal{L}[f(t)]=F(s)$，$\mathrm{Re}\,s>C$，则有

(1) $\mathcal{L}[f^{(n)}(t)]=s^nF(s)-s^{n-1}f(+0)-s^{n-2}f'(+0)-\cdots-f^{(n-1)}(+0)$，

$\mathrm{Re}\,s>C(n=1,2,\cdots)$； (8-8)

(2) $F^{(n)}(s)=\mathcal{L}[(-t)^nf(t)]$，$\mathrm{Re}\,s>C(n=1,2,\cdots)$. (8-9)

证明 (1) $$\mathcal{L}[f'(t)]=\int_0^{+\infty}f'(t)\mathrm{e}^{-st}\mathrm{d}t=f(t)\mathrm{e}^{-st}\Big|_0^{+\infty}+\int_0^{+\infty}sf(t)\mathrm{e}^{-st}\mathrm{d}t$$

$$=\lim_{t\to+\infty}f(t)\mathrm{e}^{-st}-\lim_{t\to0}f(t)\mathrm{e}^{-st}+sF(s)$$

$$=sF(s)-f(+0).$$

$$\mathcal{L}[f''(t)]=\mathcal{L}\{[f'(t)]'\}=s[sF(s)-f(+0)]-f'(+0)$$

$$=s^2F(s)-sf(+0)-f'(+0).$$

依次类推可得到式(8-8).

(2) 由式(8-3)得

$$F'(s)=\int_0^{+\infty}\frac{\partial}{\partial s}[f(t)\mathrm{e}^{-st}]\mathrm{d}t=\int_0^{+\infty}(-t)[f(t)\mathrm{e}^{-st}]\mathrm{d}t=\mathcal{L}[(-t)f(t)],$$

$$F''(s)=\int_0^{+\infty}\frac{\partial}{\partial s}[(-t)f(t)\mathrm{e}^{-st}]\mathrm{d}t=\int_0^{+\infty}(-t)^2[f(t)\mathrm{e}^{-st}]\mathrm{d}t=\mathcal{L}[(-t)^2f(t)].$$

依次类推可得到式(8-9).

【例 8.10】 求 $f(t)=t^m$（m 为自然数）的拉普拉斯变换.

解 因为

$$f^{(k)}(0)=0,k=1,2,\cdots,m-1,f^{(m)}(t)=m!,$$

故

$$\mathcal{L}[m!]=\mathcal{L}[f^{(m)}(t)]=s^m\mathcal{L}[t^m].$$

而 $\mathcal{L}[m!]=m!\int_0^{+\infty}\mathrm{e}^{-st}\mathrm{d}t=\frac{m!}{s}$，$\mathrm{Re}\,s>0$，于是

$$\mathcal{L}[t^m]=\frac{m!}{s^{m+1}},\mathrm{Re}\,s>0.$$

【例 8.11】 求 $f(t)=t\mathrm{e}^{-3t}\sin 2t$ 的拉普拉斯变换.

解 $$\mathcal{L}[f(t)]=-\mathcal{L}[-t\mathrm{e}^{-3t}\sin 2t]=-(\mathcal{L}[\mathrm{e}^{-3t}\sin 2t])'_s$$

$$=-\left[\frac{2}{(s+3)^2+4}\right]'_s=\frac{4(s+3)}{[(s+3)^2+4]^2}.$$

8.2.5 积分性质

积分性质

若 $\mathcal{L}[f(t)]=F(s)$，$\mathrm{Re}s>C$，且 $\int_s^{\infty}F(s)\mathrm{d}s$ 存在，则有

(1) $\mathcal{L}\left[\int_0^t f(\tau)\mathrm{d}\tau\right]=\dfrac{1}{s}F(s)$，$\mathrm{Re}s>C$； (8-10)

(2) $\int_s^{\infty}F(s)\mathrm{d}s=\mathcal{L}\left[\dfrac{f(t)}{t}\right]$，$t>0$，$\mathrm{Re}s>C$. (8-11)

证明 (1) 因 $f(t)=\left[\int_0^t f(\tau)\mathrm{d}\tau\right]'$，由(8-8)式知

$$F(s)=\mathcal{L}[f(t)]=\mathcal{L}\left[\left(\int_0^t f(\tau)\mathrm{d}\tau\right)'\right]=s\mathcal{L}\left[\int_0^t f(\tau)\mathrm{d}\tau\right],$$

故

$$\mathcal{L}\left[\int_0^t f(\tau)\mathrm{d}\tau\right]=\frac{1}{s}F(s),\mathrm{Re}s>C.$$

(2) $\int_s^{\infty}F(s)\mathrm{d}s=\int_s^{\infty}\int_0^{+\infty}f(t)\mathrm{e}^{-st}\mathrm{d}t\mathrm{d}s=\int_0^{+\infty}f(t)\int_s^{\infty}\mathrm{e}^{-st}\mathrm{d}s\mathrm{d}t=\int_0^{+\infty}\dfrac{f(t)}{t}\mathrm{e}^{-st}\mathrm{d}t=\mathcal{L}\left[\dfrac{f(t)}{t}\right]$.

一般情况下，重复使用(8-10)式和(8-11)式可得

$$\mathcal{L}\Big[\underbrace{\int_0^t \mathrm{d}t\int_0^t \mathrm{d}t\cdots\int_0^t}_{n\text{次}} f(t)\mathrm{d}t\Big]=\frac{1}{s^n}F(s), \tag{8-12}$$

$$\mathcal{L}\left[\frac{f(t)}{t^n}\right]=\underbrace{\int_s^{\infty}\mathrm{d}t\int_s^{\infty}\mathrm{d}t\cdots\int_s^{\infty}}_{n\text{次}}F(s)\mathrm{d}s. \tag{8-13}$$

[注意] 在 $\int_0^{+\infty}\dfrac{f(t)}{t}\mathrm{e}^{-st}\mathrm{d}t=\int_s^{\infty}F(s)\mathrm{d}s$ 两边，令 $s\to 0$，则有

$$\int_0^{+\infty}\frac{f(t)}{t}\mathrm{d}t=\lim_{s\to 0}\int_s^{\infty}F(s)\mathrm{d}s. \tag{8-14}$$

【例 8.12】 $\int_0^{+\infty}\dfrac{\sin t}{t}\mathrm{d}t=\lim\limits_{s\to 0}\int_s^{\infty}\dfrac{1}{s^2+1}\mathrm{d}s=\lim\limits_{s\to 0}(\arctan s)\Big|_s^{\infty}=\dfrac{\pi}{2}$.

在拉普拉斯变换的应用中，当已知 $f(t)$ 的拉普拉斯变换 $F(s)$，求 $f(t)$ 时，有些情况下，并不关心 $f(t)$ 的具体表达式，而只需知道 $t\to+0$ 或 $t\to+\infty$ 时它的极限值，下面两个性质可直接由 $F(s)$ 求出这两个极限值.

8.2.6 初值定理与终值定理

设 $\mathcal{L}[f(t)]=F(s)$，$\mathrm{Re}\,s>C$，则以下定理成立.

定理 8.2(初值定理) 若 $\lim\limits_{s\to\infty}F(s)$ 存在，则 $f(+0)=\lim\limits_{s\to\infty}F(s)$. (8-15)

证明 由(8-8)式，得 $\mathcal{L}[f'(t)]=sF(s)-f(+0)$，因 $\lim\limits_{s\to\infty}F(s)$ 存在，故 $\lim\limits_{\mathrm{Re}\,s\to+\infty}sF(s)$ 存在，且 $\lim\limits_{s\to\infty}sF(s)=\lim\limits_{\mathrm{Re}\,s\to+\infty}sF(s)$. 从而

$$\lim_{\mathrm{Re}\,s\to+\infty}\mathcal{L}[f'(t)]=\lim_{\mathrm{Re}\,s\to+\infty}[sF(s)-f(+0)]=\lim_{\mathrm{Re}\,s\to+\infty}sF(s)-f(+0).$$

由于

$$\lim_{\mathrm{Re}\,s\to+\infty}\mathcal{L}[f'(t)]=\lim_{\mathrm{Re}\,s\to+\infty}\int_0^{+\infty}f'(t)\mathrm{e}^{-st}\mathrm{d}t=\int_0^{+\infty}\lim_{\mathrm{Re}\,s\to+\infty}f'(t)\mathrm{e}^{-st}\mathrm{d}t=0,$$

于是 $\lim\limits_{\mathrm{Re}\,s\to+\infty}[sF(s)-f(+0)]=0$，即 $f(+0)=\lim\limits_{\mathrm{Re}\,s\to+\infty}F(s)$.

定理 8.3(终值定理) 若 $sF(s)$ 的所有奇点都在 s 平面的左半部，则

$$f(+\infty)=\lim_{s\to0}sF(s). \tag{8-16}$$

证明 由式(8-8)，$\mathcal{L}[f'(t)]=sF(s)-f(0)$，于是

$$\begin{aligned}\lim_{s\to0}[sF(s)-f(+0)]&=\lim_{s\to0}\int_0^{+\infty}f'(t)\mathrm{e}^{-st}\mathrm{d}t=\int_0^{+\infty}\lim_{s\to0}f'(t)\mathrm{e}^{-st}\mathrm{d}t\\&=\int_0^{+\infty}f'(t)\mathrm{d}t=f(t)\Big|_0^{+\infty}=f(+\infty)-f(+0),\end{aligned}$$

从而得到 $f(+\infty)=\lim\limits_{s\to0}sF(s)$.

【例 8.13】 设 $\mathcal{L}[f(t)]=F(s)$，$F(s)$ 在 $\mathrm{Re}\,s>0$ 解析，试证：

$$\int_0^{+\infty}f(t)\mathrm{d}t=\lim_{s\to0}F(s).$$

证明 令 $g(t)=\int_0^t f(\tau)\mathrm{d}\tau$，则

$$\begin{aligned}\int_0^{+\infty}f(t)\mathrm{d}t=g(+\infty)&=\lim_{s\to0}s\mathcal{L}[g(t)]\\&=\lim_{s\to0}s\mathcal{L}\left[\int_0^t f(\tau)\mathrm{d}\tau\right]\\&=\lim_{s\to0}s\frac{1}{s}F(s)\\&=\lim_{s\to0}F(s).\end{aligned}$$

【例 8.14】 利用拉普拉斯变换性质，求积分：$\int_0^{+\infty}t^3\mathrm{e}^{-t}\mathrm{d}t$.

解 $\int_0^{+\infty}t^3\mathrm{e}^{-t}\mathrm{d}t=\lim\limits_{s\to0}s\mathcal{L}[t^3\mathrm{e}^{-t}]=\lim\limits_{s\to0}\dfrac{3!}{(s+1)^4}=6$.

【例 8.15】 利用拉普拉斯变换性质，求积为：$\int_0^{+\infty}\dfrac{\mathrm{e}^{at}-\mathrm{e}^{bt}}{t}\mathrm{d}t\quad(a<b<0)$.

解　$\int_0^{+\infty}\frac{e^{at}-e^{bt}}{t}dt\quad(a<b<0)$

$$=\lim_{s\to 0}\int_s^{\infty}\mathcal{L}\,[e^{at}-e^{bt}]ds=\lim_{s\to 0}\int_s^{\infty}\left(\frac{1}{s-a}-\frac{1}{s-b}\right)ds$$

$$=\lim_{s\to 0}\ln\frac{s-b}{s-a}=\ln\frac{b}{a}.$$

应用终值定理时，要注意定理的条件，例如，$f(t)=\sin t, F(s)=\frac{1}{s^2+1}, sF(s)=\frac{s}{s^2+1}$有两个奇点 $s=\pm i$，且都在虚轴上，不满足终值定理条件，不能得出

$$\lim_{t\to+\infty}\sin t=\lim_{s\to+\infty}\frac{s}{s^2+1}=0.$$

事实上，$\lim\limits_{t\to+\infty}\sin t$ 不存在.

8.3　拉普拉斯逆变换

前面主要讨论由已知函数 $f(t)$ 求它的像函数 $F(s)$，在实际应用中，还需由已知的像函数 $F(s)$ 求出它的像原函数，即求出 $F(s)$ 的拉普拉斯逆变换的一般方法. 在满足定理 8.1 条件下：$|f(t)|\leqslant Me^{ct}$，任给 $\beta>c$，$f(t)u(t)e^{-\beta t}$ 在 $(-\infty,+\infty)$ 上绝对可积，从而可以定义傅里叶变换：

$$\mathcal{F}[f(t)u(t)e^{-\beta t}]=\int_{-\infty}^{+\infty}f(t)u(t)e^{-\beta t}e^{-i\omega t}dt=\int_0^{+\infty}f(t)e^{-(\beta+i\omega)t}dt=F(\beta+i\omega),$$

从而根据傅里叶逆变换存在定理，当 $t>0$ 时，在 $f(t)$ 的连续点处有

$$f(t)e^{-\beta t}=f(t)u(t)e^{-\beta t}=\mathcal{F}^{-1}\{\mathcal{F}[f(t)u(t)e^{-\beta t}]\}=\frac{1}{2\pi}\int_{-\infty}^{+\infty}F(\beta+i\omega)e^{i\omega t}d\omega,$$

上式两边同乘以 $e^{\beta t}$，得

$$f(t)=\frac{1}{2\pi}\int_{-\infty}^{+\infty}F(\beta+i\omega)e^{(\beta+i\omega)t}d\omega.$$

令 $s=\beta+i\omega$，则上式变为

$$f(t)=\frac{1}{2\pi i}\int_{\beta-i\infty}^{\beta+i\infty}F(s)e^{st}ds.$$

定理 8.4　在定理 8.1 的条件下，设 $F(s)=\mathcal{F}[f(t)]$，$\mathrm{Re}s>C$，则下面的等式成立：

$$\frac{1}{2\pi i}\int_{\beta-i\infty}^{\beta+i\infty}F(s)e^{st}ds=\frac{f(t-0)+f(t+0)}{2},t>0,\tag{8-17}$$

其中，积分路径是任一直线 $\mathrm{Re}s=\beta>C$，而

$$\int_{\beta-\mathrm{i}\infty}^{\beta+\mathrm{i}\infty} F(s)\mathrm{e}^{st}\mathrm{d}s = \lim_{\gamma\to+\infty}\int_{\beta-\mathrm{i}\gamma}^{\beta+\mathrm{i}\gamma} F(s)\mathrm{e}^{st}\mathrm{d}s.$$

设 $\mathcal{F}[f(t)] = F(s)$，$\mathrm{Re}s > C$，则在 $f(t)$的连续点的集合 E 上，成立

$$f(t) = \frac{1}{2\pi\mathrm{i}}\int_{\beta-\mathrm{i}\infty}^{\beta+\mathrm{i}\infty} F(s)\mathrm{e}^{st}\mathrm{d}s, t > 0. \tag{8-18}$$

用式(8-18)算出 $f(t)$通常并不容易，但在 $F(s)$满足一定条件时，可用参数基本定理计算式(8-18)中的积分，特别是 $F(s)$为有理函数时，计算是很方便的.

定理 8.5　在定理 8.1 的条件下，若 $F(s)$只有有限多个奇点$s_1, s_2, \cdots, s_n$，且当 $s\to\infty$时，在 $0 < \arg s \leqslant 2\pi$ 内一致收敛于 0，则在 $f(t)$的连续点的集合上有

$$f(t) = \sum_{k=1}^{n}\mathrm{Res}[F(s)\mathrm{e}^{st}, s_k], t > 0, \quad t \in E. \tag{8-19}$$

证明　取足够大的 R，使$s_1, s_2, \cdots, s_n$ 皆在经圆弧C_R 和线段组成的闭路$C = C_R + GA$ 的内部(见图 8-4). 因 e^{st} 在全平面解析，故 $F(s)\mathrm{e}^{st}$ 的奇点就是$F(s)$的奇点，根据残数基本定理，得

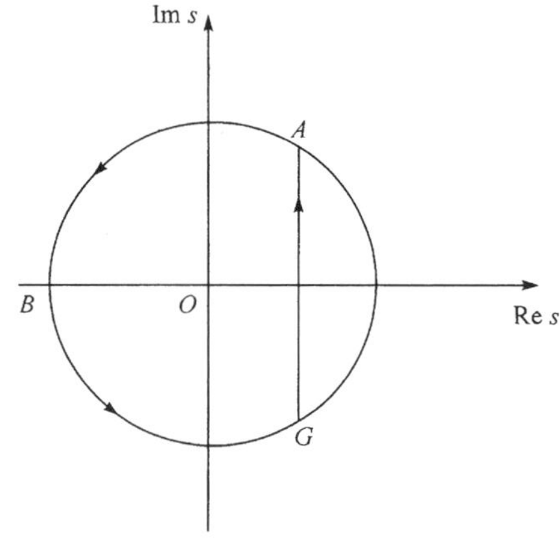

图 8-4

$$\int_C F(s)\mathrm{e}^{st}\mathrm{d}s = 2\pi\mathrm{i}\sum_{k=1}^{n}\mathrm{Res}[F(s)\mathrm{e}^{st}, s_k],$$

即

$$\frac{1}{2\pi\mathrm{i}}\left[\int_{\beta-\mathrm{i}R}^{\beta+\mathrm{i}R} F(s)\mathrm{e}^{st}\mathrm{d}s + \int_{C_R} F(s)\mathrm{e}^{st}\mathrm{d}s\right] = \sum_{k=1}^{n}\mathrm{Res}[F(s)\mathrm{e}^{st}, s_k].$$

在上式中，两边令 $R\to+\infty$，再利用复变函数的积分理论可以证明$\int_{C_R} F(s)\mathrm{e}^{st}\mathrm{d}s = 0$，从而得到

$$\frac{1}{2\pi\mathrm{i}}\int_{\beta+\mathrm{i}\infty}^{\beta+\mathrm{i}\infty} F(s)\mathrm{e}^{st}\mathrm{d}s = \sum_{k=1}^{n}\mathrm{Res}[F(s)\mathrm{e}^{st}, s_k],$$

于是证明了式(8-19).

若 $F(s)$是有理函数，即

$$F(s) = \frac{B(s)}{A(s)},$$

其中，$B(s)$，$A(s)$是不可约多项式，$B(s)$的次数为m，$A(s)$的次数为n，$m<n$，则$F(s)$是满足定理8.5条件的，因此式(8-19)成立.

情况一：若$s_1,s_2,\cdots,s_n$都是$A(s)$的一阶零点，则这些点就都是$F(s)$的一阶极点，于是，有

$$f(t)=\sum_{k=1}^{n}\frac{B(s_k)}{A'(s_k)}e^{s_k t},t>0. \tag{8-20}$$

情况二：若$s_1,s_2,\cdots,s_{n-r}$是$A(s)$的一阶零点，s_r是一个r阶零点，则s_r是$F(s)$的一个r阶极点，$s_1,s_2,\cdots,s_{n-r}$是$F(s)$的一阶极点，于是，有

$$f(t)=\frac{1}{(r-1)!}\lim_{s\to s_r}\left[(s-s_r)^r\frac{B(s)}{A(s)}e^{st}\right]^{(r-1)}+\sum_{k=1}^{n-r}\frac{B(s_k)}{A'(s_k)}e^{s_k t},t>0. \tag{8-21}$$

【例8.16】 求$F(s)=\dfrac{1}{s^2(s+1)}$的拉普拉斯逆变换.

解　$s=0$是$F(s)$的二阶极点，$s=-1$是$F(s)$的一阶极点，于是由式(8-21)得

$$\begin{aligned}f(t)&=\left.\frac{e^{st}}{(s^3+s^2)'}\right|_{s=-1}+\lim_{s\to 0}\left(\frac{e^{st}}{s+1}\right)'\\&=e^{-t}+\lim_{s\to 0}\frac{1}{(s+1)^2}[te^{st}(s+1)-e^{st}]\\&=e^{-t}+t-1,t>0.\end{aligned}$$

【例8.17】 求$F(s)=\dfrac{s}{(s-a)(s-b)(s-c)}$($a,b,c$为常数)的拉普拉斯逆变换.

解　由式(8-21)得到

$$\begin{aligned}f(t)=&\left.\frac{se^{st}}{(s-b)(s-c)+(s-a)[(s-b)(s-c)]'}\right|_{s=a}+\\&\left.\frac{se^{st}}{(s-c)(s-a)+(s-b)[(s-c)(s-a)]'}\right|_{s=b}+\\&\left.\frac{se^{st}}{(s-a)(s-b)+(s-c)[(s-a)(s-b)]'}\right|_{s=c}\\=&\frac{ae^{at}}{(a-b)(a-c)}+\frac{be^{bt}}{(b-c)(b-a)}+\frac{ce^{at}}{(c-a)(c-b)}.\end{aligned}$$

8.4 卷　积

定义 8.2　设 $t<0$ 时，$f_1(t)=f_2(t)=0$，若积分

$$\int_0^t f_1(\tau)f_2(t-\tau)\mathrm{d}\tau$$

存在，则称此积分为 $f_1(t)$ 与 $f_2(t)$ 的**卷积**，记作：$f_1(t)*f_2(t)$.

容易验证卷积运算满足下面的基本运算律：

(1) 交换律：$f_1(t)*f_2(t)=f_2(t)*f_1(t)$；

(2) 结合律：$f_1(t)*[f_2(t)*f_3(t)]=[f_1(t)*f_2(t)]*f_3(t)$；

(3) 分配律：$[f_1(t)+[f_2(t)]*f_3(t)=f_1(t)*f_3(t)+f_2(t)*f_3(t)$.

以下假定作卷积的函数都在 $t<0$ 时是恒为 0 的函数.

【例 8.18】　求 $\sin t$ 与 $\cos t$ 的卷积.

解　$\sin t*\cos t=\int_0^t \sin\tau\cos(t-\tau)\mathrm{d}\tau=\frac{1}{2}\int_0^t[\sin t+\sin(2\tau-t)]\mathrm{d}\tau=\frac{1}{2}\sin t.$

卷积无论在拉普拉斯变换的理论方面还是应用方面，都起着重要的作用，这主要是它具有如下定理中所说的性质.

定理 8.6(卷积定理)　设 $f_1(t)$，$f_2(t)$都满足定理 8.1 的条件，且

$$\mathcal{L}[f_1(t)]=F_1(s),\mathrm{Re}s>C_1,$$

$$\mathcal{L}[f_2(t)]=F_2(s),\mathrm{Re}s>C_2,$$

则 $f_1(t)*f_2(t)$的拉普拉斯变换存在，而且

$$\mathcal{L}[f_1(t)*f_2(t)]=F_1(s)*F_2(s), \tag{8-22}$$

或

$$\mathcal{L}^{-1}[F_1(s)*F_2(s)]=f_1(t)*f_2(t).$$

证明　容易验证 $f_1(t)*f_2(t)$满足定理8.1的条件，所以 $f_1(t)*f_2(t)$的拉普拉斯变换存在，而且

$$\begin{aligned}\mathcal{L}[f_1(t)*f_2(t)]&=\int_0^{+\infty}[f_1(t)*f_2(t)]\mathrm{e}^{-st}\mathrm{d}t\\&=\int_0^{+\infty}\left[\int_0^t f_1(\tau)f_2(t-\tau)\mathrm{d}\tau\right]\mathrm{e}^{-st}\mathrm{d}t.\end{aligned}$$

这是一个广义二重积分，积分域为D:$0\leqslant t<+\infty,0\leqslant\tau\leqslant t$或$0\leqslant\tau<+\infty,\tau\leqslant t<+\infty$（见图8-5）. 由于二重积分在$D$绝对可积，可变换积分次序，所以

$$\mathcal{L}[f_1(t)*f_2(t)]=\int_0^{+\infty}f_1(\tau)\left[\int_\tau^{+\infty}f_2(t-\tau)\mathrm{e}^{-st}\mathrm{d}t\right]\mathrm{d}\tau.$$

令$t-\tau=u$，则

$$\int_\tau^{+\infty}f_2(t-\tau)\mathrm{e}^{st}\mathrm{d}t=\int_0^{+\infty}f_2(u)\mathrm{e}^{-s(u+\tau)}\mathrm{d}u=\mathrm{e}^{-s\tau}F_2(s),$$

从而，有

$$\begin{aligned}\mathcal{L}[f_1(t)*f_2(t)]&=\int_0^{+\infty}f_1(\tau)\mathrm{e}^{-s\tau}F_2(s)\mathrm{d}\tau\\&=F_2(s)\int_0^{+\infty}f_1(\tau)\mathrm{e}^{-s\tau}\mathrm{d}\tau\\&=F_1(s)F_2(s).\end{aligned}$$

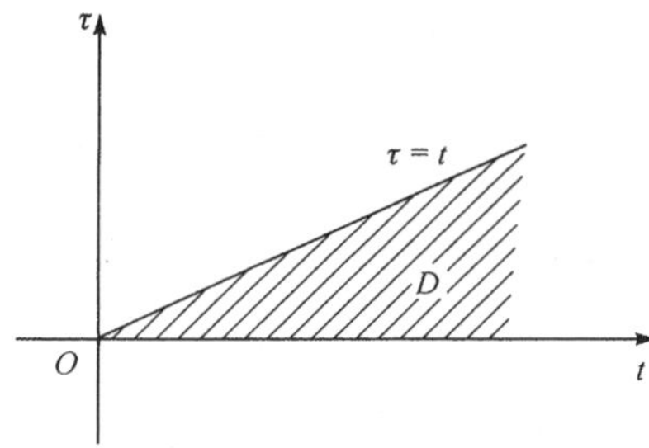

图8-5

卷积定理推广到一般情形，有

$$\mathcal{L}[f_1(t)*f_2(t)*\cdots*f_n(t)]=\mathcal{L}[f_1(t)]\mathcal{L}[f_2(t)]\cdots\mathcal{L}[f_n(t)].$$

用卷积定理也可求一些函数的拉普拉斯逆变换.

【例8.19】　求$F(s)=\dfrac{1}{s^2(1+s^2)}$的拉普拉斯逆变换.

解　因$F(s)=\dfrac{1}{s^2}\cdot\dfrac{1}{s^2+1}$，取$F_1(s)=\dfrac{1}{s^2}$，$F_2(s)=\dfrac{1}{s^2+1}$，由卷积定理得出

$$f(t)=f_1(t)*f_2(t)=t*\sin t=t-\sin t.$$

【例8.20】　求$F(s)=\dfrac{s}{(s^2+a^2)^2}$（$a$为常数）的拉普拉斯变换.

解

$$F(s)=\frac{1}{a}\cdot\frac{s}{s^2+a^2}\cdot\frac{a}{s^2+a^2},$$

$$\mathcal{L}^{-1}\left[\frac{s}{s^2+a^2}\right]=\cos at,\quad\mathcal{L}^{-1}\left[\frac{a}{s^2+a^2}\right]=\sin at,$$

由卷积定理得到

$$\begin{aligned}\mathcal{L}^{-1}[F(s)] &= \frac{1}{a}\cos at * \sin at \\ &= \frac{1}{a}\int_0^t \cos a\tau \sin a(t-\tau)\mathrm{d}\tau \\ &= \frac{1}{a}\cdot\frac{t}{2}\sin at = \frac{t}{2a}\sin at.\end{aligned}$$

8.5 微积分方程的拉普拉斯变换法

由于拉普拉斯变换能将像原函数的微分、积分和卷积运算变换为像函数的乘、除运算，于是可通过拉普拉斯变换，把求解微分、积分方程转化为求解代数方程. 求解过程的示意图如图 8-6 所示.

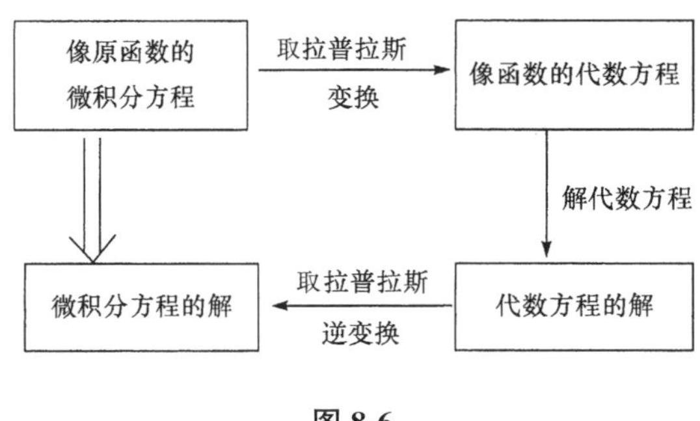

图 8-6

【例 8.21】 求微分方程初值问题的解：

$$\begin{cases} x''+2x'-3x=\mathrm{e}^{-t}, \\ x(0)=0, x'(0)=1. \end{cases}$$

解 设 $X(s)=\mathcal{L}[x(t)]$，对方程两边取拉普拉斯变换，并考虑到初始条件，则得

$$s^2X(s)-sx(0)-x'(0)+2[sX(s)-x(0)]-3X(s)=\frac{1}{s+1},$$

即

$$s^2X(s)-1+2sX(s)-3X(s)=\frac{1}{s+1},$$

$$(s^2+2s-3)X(s)=\frac{1}{s+1}+1.$$

这个代数方程的解为

$$X(s)=\frac{1+\dfrac{1}{s+1}}{s^2+2s-3}=\frac{s+2}{(s+1)(s-1)(s+3)}.$$

取 $X(s)$的拉普拉斯逆变换

$$\begin{aligned}x(t)&=\mathcal{L}^{-1}[X(s)]\\&=\frac{(s+2)\mathrm{e}^{st}}{(s-1)(s+3)}\bigg|_{s=-1}+\frac{(s+2)\mathrm{e}^{st}}{(s+3)(s+1)}\bigg|_{s=1}+\frac{(s+2)\mathrm{e}^{st}}{(s+1)(s-1)}\bigg|_{s=-3}\\&=-\frac{\mathrm{e}^{-t}}{4}+\frac{3\mathrm{e}^{t}}{8}-\frac{\mathrm{e}^{-3t}}{8}\\&=\frac{1}{8}(3\mathrm{e}^{t}-2\mathrm{e}^{-t}-\mathrm{e}^{3t}).\end{aligned}$$

这便是所求微分方程的解.

【例 8.22】 求微分方程初值问题的解：

$$\begin{cases}x'''+3x''+3x'+x=6\mathrm{e}^{-t},\\x''(0)=x'(0)=x(0)=0.\end{cases}$$

解 设 $\mathcal{L}[x(t)]=X(s)$，对方程两边取拉普拉斯变换,并考虑到初始条件,得

$$s^3X(s)+3s^2X(s)+3sX(s)+X(s)=\frac{6}{s+1},$$

解出 $X(s)$为

$$X(s)=\frac{6}{(s+1)^4}.$$

求出 $X(s)$的拉普拉斯逆变换,得到方程的解为

$$x(t)=\mathcal{L}^{-1}[X(s)]=\mathcal{L}^{-1}\left[\frac{3!}{(s+1)^4}\right]=t^3\mathrm{e}^{-t}.$$

【例 8.23】 求微分方程组

$$\begin{cases}x'+x-y=\mathrm{e}^{t},\\y'+3x-2y=2\mathrm{e}^{t}\end{cases}$$

满足初始条件 $x(0)=y(0)=1$ 的解.

解 设 $\mathcal{L}[x(t)]=X(s)$,$\mathcal{L}[y(t)]=Y(s)$，对方程组的两个方程两边取拉普拉斯变换，并考虑到初始条件,则得

$$\begin{cases}sX(s)-1+X(s)-Y(s)=\dfrac{1}{s-1},\\sY(s)-1+3X(s)-2Y(s)=\dfrac{2}{s-1}.\end{cases}$$

解出 $X(s)$,$Y(s)$为

$$X(s)=\frac{1}{s-1},\quad Y(s)=\frac{1}{s-1}.$$

于是求得原方程组的解为

$$\begin{cases} x(t)=\mathrm{e}^t, \\ y(t)=\mathrm{e}^t. \end{cases}$$

【例 8.24】 求积分方程

$$\varphi(t)=at+\int_0^t \varphi(\tau)\sin(t-\tau)\mathrm{d}\tau$$

的解.

解 设未知函数 $\varphi(t)$ 的拉普拉斯变换为 $\varphi(s)$，对方程两边取拉普拉斯变换，得

$$\varphi(s)=\frac{a}{s^2}+\mathcal{L}\left[\varphi(\tau)*\sin t\right],$$

即

$$\varphi(s)=\frac{a}{s^2}+\varphi(s)\frac{1}{s^2+1}.$$

解出 $\varphi(s)$ 为

$$\varphi(s)=\frac{a(s^2+1)}{s^4}.$$

取逆变换，得原积分方程的解为

$$\varphi(t)=\mathcal{L}^{-1}\left[\frac{a(s^2+1)}{s^4}\right]=\mathcal{L}^{-1}\left[\frac{a}{s^2}+\frac{a}{6}\frac{3!}{s^4}\right]=at+\frac{a}{6}t^3.$$

在电路本身条件有变化，如打开或合上开关、接入或断开某些元件、增大或减小某些元件的参数，以改变电路中某些接线方式时，电路的工作状态就要改变，这种变化总要经历一段时间才能达到稳定状态. 在达到稳定状态这段时间内，电路中变化着的工作状态，称为**瞬态**. 研究瞬态过程，常借助于微分或积分方程.

【例 8.25】 如图 8-7 所示的简单电路中，电容器上储存的初始电荷为 $q(0)$，合上开关后，放电电流 $i(t)$满足积分方程

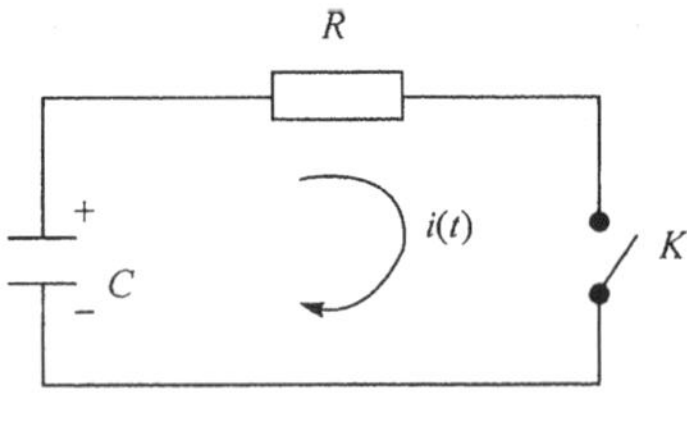

图 8-7

$$Ri(t)+\frac{1}{C}\int_0^t i(t)\mathrm{d}t=\frac{q(0)}{C}.$$

要求出 $i(t)$，可对方程两边取拉普拉斯变换，即

$$R\mathcal{L}\left[i(t)\right]+\frac{1}{C}\mathcal{L}\left[\int_0^t i(t)\mathrm{d}t\right]=\frac{q(0)}{C}\mathcal{L}\left[1\right].$$

设 $\mathcal{L}[i(t)]=I(s)$，便得 $I(s)$满足的代数方程

$$RI(s)+\frac{1}{C}\frac{1}{s}I(s)=\frac{q(0)}{C}\frac{1}{s},$$

解出 $I(s)$为

$$I(s)=\frac{q(0)}{Cs\left(R+\frac{1}{sC}\right)}=\frac{q(0)}{RC}\left(\frac{1}{s+\frac{1}{RC}}\right).$$

再取拉普拉斯逆变换,便得

$$i(t)=\frac{q(0)}{RC}e^{-\frac{t}{RC}}=\frac{V_0}{R}e^{-\frac{t}{RC}},$$

其中,$V_0=\frac{q(0)}{C}$是电容器的初始电压.

【例 8.26】　在图 8-8 的 RC 电路中,若外加一个时动势为 $e(t)$，则在开关合上后,电容器两端电压 $u(t)$满足微分方程:$RCu'(t)+u(t)=e^t$，并满足初始条件 $u(0)=0$. 要求出 $u(t)$，可对方程两端取拉普拉斯变换,并考虑到初始条件,则得

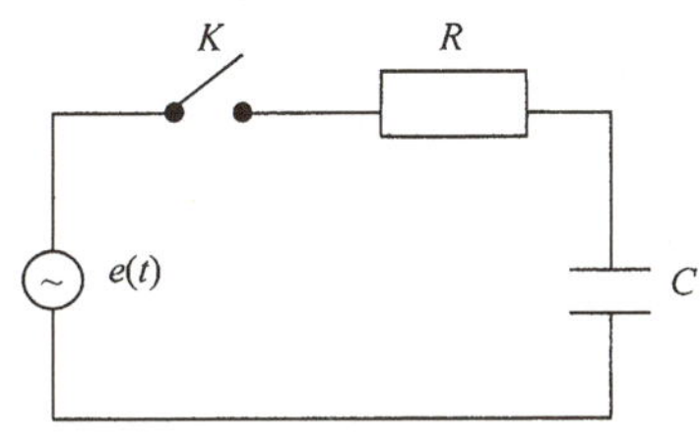

图 8-8

$$RC\mathcal{L}[u'(t)]+\mathcal{L}[u(t)]=\mathcal{L}[e^t],$$

即

$$RCs\mathcal{L}[u(t)]+\mathcal{L}[u(t)]=\mathcal{L}[e(t)].$$

设

$$\mathcal{L}[u(t)]=U(s),\mathcal{L}[e(t)]=E(s),$$

得 $U(s)$满足的代数方程:

$$RCsU(s)+U(s)=E(s),$$

解出 $U(s)$为

$$U(s)=\frac{E(s)}{1+RCs}=\frac{1}{RC}\frac{E(s)}{s+\frac{1}{RC}}.$$

取逆变换得 $u(t)=\frac{1}{RC}[e^{-\frac{t}{RC}}*e(t)]$.

习题 8

1. 求下列函数的拉普拉斯变换.

(1) $f(t)=\begin{cases}3, & 0\leqslant t<2,\\ -1, & 2\leqslant t<4,\\ 0, & t\geqslant 4;\end{cases}$　　(2) $f(t)=|\sin t|$;

(3) 设 $f(t)$ 是以 2π 为周期的函数,且在一周期内的表达式为

$$f(t)=\begin{cases}\sin t, & 0<t<\pi,\\ 0, & \pi\leqslant t<2\pi;\end{cases}$$

(4) 求如图 8-9 所示周期函数 $f(t)$ 的拉普拉斯变换;

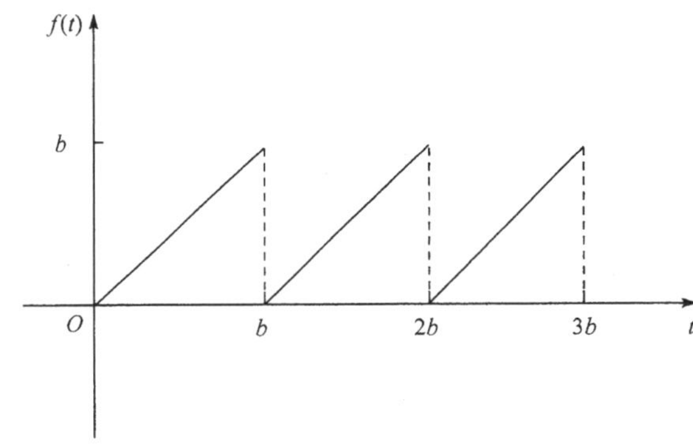

图 8-9

(5) $f(t)=\begin{cases}3, & 0\leqslant t\leqslant \dfrac{\pi}{2},\\ \cos t, & t>\dfrac{\pi}{2}.\end{cases}$

2. 利用拉普拉斯变换的性质,求下列函数的拉普拉斯变换.

(1) $f(t)=t^2+3t+2$;　　(2) $f(t)=1-te^t$;

(3) $f(t)=(t-1)^2e^t$;　　(4) $f(t)=t\cos at$;

(5) $f(t)=e^{2t}\sin 6t$;　　(6) $f(t)=t^n e^{at}$(n 为自然数);

(7) $f(t)=\cos^2 t$;

(8) 阶梯函数

$$f(t)=\begin{cases}0, & t<0,\\ 8, & 0\leqslant t<2,\\ 6, & t\geqslant 2.\end{cases}$$

3.（相似性质）设 $\mathcal{L}[f(t)]=F(s)$，$a>0$，证明：$\mathcal{L}[f(at)]=\dfrac{1}{a}F\left(\dfrac{s}{a}\right)$.

4. 利用微分性质，计算下列各题：

(1) $f(t)=te^{-3t}\sin 2t$，求 $\mathcal{L}[f(t)]$.

(2) $f(t)=\int_0^t te^{-3t}\sin 2t\mathrm{d}t$，求 $\mathcal{L}[f(t)]$.

(3) $F(s)=\ln\dfrac{s+1}{s-1}$，求 $\mathcal{L}^{-1}[F(s)]$.

5. 利用积分性质，计算下列各题：

(1) $\dfrac{1}{t}e^{-3t}\sin 2t$，求 $\mathcal{L}[f(t)]$.

(2) $f(t)=\int_0^t \dfrac{1}{t}e^{-3t}\sin 2t\mathrm{d}t$，求 $\mathcal{L}[f(t)]$.

(3) $F(s)=\dfrac{s}{(s^2-1)^2}$，求 $\mathcal{L}^{-1}[F(s)]$.

6. 利用拉普拉斯变换性质，计算下列各积分：

(1) $\int_0^{+\infty}\dfrac{1-\cos t}{t}e^{-t}\mathrm{d}t$；

(2) $\int_0^{+\infty}e^{-3t}\cos 2t\mathrm{d}t$；

(3) $\int_0^{+\infty}te^{-2t}\mathrm{d}t$；

(4) $\int_0^{+\infty}\dfrac{e^{-t}\sin^2 t}{t}\mathrm{d}t$；

(5) $\int_0^{+\infty}t^3e^{-t}\sin t\mathrm{d}t$；

(6) $\int_0^{+\infty}\dfrac{\sin^2 t}{t^2}\mathrm{d}t$.

7. 求下列各函数的拉普拉斯逆变换.

(1) $F(s)=\dfrac{s+1}{s^2+s-6}$；

(2) $F(s)=\dfrac{2s}{s^2+9}$；

(3) $F(s)=\dfrac{s+2}{s(s^2-1)}$；

(4) $F(s)=\dfrac{1}{s^2(s^2-1)}$；

(5) $F(s)=\dfrac{s^2+2s-1}{s(s^2-1)^2}$；

(6) $F(s)=\dfrac{1}{s^4-a^4}$.

8. 查表求下列各函数的拉普拉斯逆变换：

(1) $F(s)=\dfrac{1}{(s^2+4)^2}$；

(2) $F(s)=\ln\dfrac{s^2-1}{s^2}$；

(3) $F(s)=\dfrac{2s+1}{s(s+1)(s+2)}$；

(4) $F(s)=\dfrac{1}{s^4+5s^2+4}$；

(5) $F(s)=\dfrac{s+1}{9s^2+6s+5}$；

(6) $F(s)=\dfrac{1}{(s^2+2s+2)^2}$.

9. 设 $f_1(t)$，$f_2(t)$ 均满足定理8.1的条件(它们的增长指数均为 C)，且 $\mathcal{L}[f_1(t)]=F_1(s)$，$\mathcal{L}[f_2(t)]=F_2(s)$，证明：$f_1(t)\cdot f_2(t)$ 的拉普拉斯变换存在，且

$$\mathcal{L}[f_1(t)\cdot f_2(t)]=\frac{1}{2\pi i}\int_{\beta-i\infty}^{\beta+i\infty}F_1(\tau)F_2(s-\tau)\mathrm{d}\tau \quad (\beta>C,\mathrm{Re}s>\beta+C).$$

10. 求下列各个卷积：

(1)$1*1$；　(2)$t*t$；　(3)t^m*t^n(m,n 约为自然数)；

(4)$\sin t*\sin t$；　(5)$t*\mathrm{sh}t$.

11. 利用卷积定理证明：

$$\mathcal{L}^{-1}\left[\frac{1}{\sqrt{s}(s-1)}\right]=\frac{2}{\sqrt{\pi}}\int_0^{\sqrt{t}}e^{-\tau^2}\mathrm{d}\tau.$$

12. 求下列微分方程的解：

(1)$\begin{cases}x''+4x'+3x=e^{-t},\\x(0)=x'(0)=1;\end{cases}$

(2)$\begin{cases}x''+3x'+2x=u(t-1),\\x(0)=0,x'(0)=1,\end{cases}$ 其中 $u(t-1)=\begin{cases}1, & t\geqslant 1,\\0, & t<1;\end{cases}$

(3)$\begin{cases}x'-x=4\sin t+5\cos 2t,\\x(0)=-1,x'(0)=-2;\end{cases}$

(4)$\begin{cases}x''+3x''+3x'+x=1,\\x(0)=x'(0)=x''(0)=0;\end{cases}$

(5)$\begin{cases}x^{(4)}+2x''+x=0,\\x(0)=x'(0)=x''(0)=0,x''(0)=1.\end{cases}$

13. 求下列微分方程组的解：

(1)$\begin{cases}-x''+y''+x'-y=e^t-2,\\-x''+2y''-2y'+x=-t,\\x(0)=x'(0)=0,\\y(0)=y'(0)=0;\end{cases}$　(2)$\begin{cases}(2x''-x'+9x)-(y''+y'+3y)=0,\\(2x''+x'+7x)-(y''-y'+5y)=0,\\x(0)=x'(0)=1,\\y(0)=y'(0)=0;\end{cases}$

(3)$\begin{cases}x''+y-x+z=0,\\x+y''-y+z=0,\\x+y+z''-z=0,\\x(0)=1,x'(0)=0,\\y(0)=y'(0)=0,\\z(0)=z'(0)=0.\end{cases}$

14. 求解下列积分方程：

(1)$\varphi(t)=\int_0^t \varphi(\tau)\mathrm{d}\tau+1$；

(2)$\int_0^t \sin(t-\tau)\varphi(\tau)\mathrm{d}\tau=1-\cos t$；

(3)$\int_0^t \varphi(\tau)\mathrm{e}^{t-\tau}\mathrm{d}\tau=\varphi(t)-\mathrm{e}^t$.

15. 设 $\varphi(t)$，$k(t)$，$g(t)$满足定理 8.1 的条件，证明：关于 $\varphi(t)$的积分方程

$$\varphi(t)=g(t)+\int_0^t k(t-\tau)\varphi(\tau)\mathrm{d}\tau$$

的解为 $\varphi(t)=g(t)+q(t)*g(t)$，其中 $g(t)=\mathcal{L}-1\left[\frac{K(s)}{1-K(s)}\right]K(s)$，　$K(s)=\mathcal{L}\left[k(t)\right]$.

习题参考答案

习题 1

1. (1) $\mathrm{Re}(z)=\dfrac{3}{2}$, $\mathrm{Im}(z)=-\dfrac{5}{2}$, $\bar{z}=\dfrac{3}{2}+\dfrac{5}{2}\mathrm{i}$, $|z|=\dfrac{\sqrt{34}}{2}$, $\mathrm{Arg}\,z=-\arctan\dfrac{5}{3}+2k\pi(k\in\mathbf{Z})$；

(2) $\mathrm{Re}(z)=\dfrac{1}{2}$, $\mathrm{Im}(z)=-\dfrac{\sqrt{3}}{2}$, $\bar{z}=\dfrac{1}{2}+\dfrac{\sqrt{3}}{2}\mathrm{i}$, $|z|=1$, $\mathrm{Arg}\,z=-\dfrac{\pi}{3}+2k\pi(k\in\mathbf{Z})$；

(3) $\mathrm{Re}(z)=1$, $\mathrm{Im}(z)=5$, $\bar{z}=1-5\mathrm{i}$, $|z|=\sqrt{26}$, $\mathrm{Arg}\,z=\arctan 5+2k\pi(k\in\mathbf{Z})$；

(4) $\mathrm{Re}(z)=2(1-\sqrt{3})$, $\mathrm{Im}(z)=4+\sqrt{3}$, $\bar{z}=2(1-\sqrt{3})-(4+\sqrt{3})\mathrm{i}$, $|z|=\sqrt{35}$,

$\mathrm{Arg}z=\pi-\arctan\dfrac{7+5\sqrt{3}}{4}+2k\pi(k\in\mathbf{Z})$.

2. $z_1z_2=2\mathrm{e}^{\frac{\pi}{12}\mathrm{i}}$, $\dfrac{z_1}{z_2}=\dfrac{1}{2}\mathrm{e}^{\frac{5\pi}{12}\mathrm{i}}$.

3. (1) $-16\sqrt{3}-16\mathrm{i}$；(2) $\dfrac{\sqrt{3}}{2}\pm\dfrac{1}{2}\mathrm{i}$, $-\dfrac{\sqrt{3}}{2}\pm\dfrac{1}{2}\mathrm{i}$, $\pm\mathrm{i}$；(3) $-32\mathrm{i}$.

4. $\dfrac{\sqrt{2}}{2}a(\pm1+\mathrm{i})$, $\dfrac{\sqrt{2}}{2}a(\pm1-\mathrm{i})$.

5. (1) $y=x$；

(2) $\dfrac{x^2}{(a+b)^2}+\dfrac{y^2}{(a-b)^2}=1$；

(3) $xy=1$；

(4) $xy=1(x>0,y>0)$.

6. (1) 直线 $x=-3$；

(2) 在复平面上，圆心为$(0,-2)$、半径为 1 的圆周及其外部；

(3) 直线 $y=0$，即实轴；

(4) $x=y-1(x>0)$；

(5) $\dfrac{x^2}{4}+\dfrac{y^2}{3}=1$；

(6) 不包含 x 轴的上半平面；

(7) 直线 $x = \frac{5}{2}$ 及其左边的平面.

7. $0 < \arg w < \frac{\pi}{2}, |w| < 1$.

8. (1)$w = |z|$ 的定义域是整个复平面，且在复平面上处处连续；

(2) 定义域是除 $z = -2 \pm \mathrm{i}$ 外的复平面，在定义域上连续.

9. 略.

10. 略.

11. 略.

习题 2

1. (1) 全平面处处解析，$f'(z) = 4(z-1)^3$；

(2) 全平面处处解析，$f'(z) = 2z + 3\mathrm{i}$；

(3) 在去掉 $z = \pm 1$ 的复平面上处处解析，$f'(z) = -\frac{2z}{(z^2-1)^2}$；

(4) 在去掉 $z = -\frac{d}{c}(c \neq 0)$ 的复平面上处处解析，$f'(z) = \frac{ad-bc}{(cz+d)^2}$.

2. (1) 只在原点处可导，处处不解析；

(2) 只在直线 $y = x$ 上可导，处处不解析；

(3) 在直线 $\sqrt{2}x \pm \sqrt{3}y = 0$ 上可导，处处不解析；

(4) 处处可导，处处解析.

3. 略.

4. (1)$z = 0, z = \pm \mathrm{i}$; (2)$z = -4, z = \pm \mathrm{i}$.

5. 略.

6. 提示：设 $f(z) = u + \mathrm{i}v$，则 $\overline{\mathrm{i}\,\overline{f(z)}} = -\mathrm{i}f(z) = -\mathrm{i}(u + \mathrm{i}v) = v - \mathrm{i}u$.

7. 提示：设 $f(z) = u + \mathrm{i}v, |f(z)| = \sqrt{u^2 + v^2}$，$|f(z)|$ 分别对 x 和 y 的偏导数代入欲证等式的左端，整理，应用 C-R 条件，与等式右端相等. 注意 $f'(z)$ 可用 u, v 的偏导表示.

8. (1)$z = k\pi(k = 0, \pm 1, \pm 2, \cdots)$；

(2)$z = \left(\frac{1}{2} + k\right)\pi(k = 0, \pm 1, \pm 2, \cdots)$；

(3)$z = (2k+1)\pi\mathrm{i}(k = 0, \pm 1, \pm 2, \cdots)$；

(4)$z=\mathrm{i}$;

(5)$z=\left(k-\frac{1}{4}\right)\pi(k=0,\pm1,\pm2,\cdots)$.

9. 提示:(1) 设 $z=x+\mathrm{i}y$ 代入等式两端;

(2) 根据 $\sin z=\frac{1}{2\mathrm{i}}(\mathrm{e}^{\mathrm{i}z}-\mathrm{e}^{-\mathrm{i}z})$,代入等式两端;

(3)$z=x+\mathrm{i}y$ 代入到 $\mathrm{e}^{\bar{z}}$ 中 ,写出 $\mathrm{e}^{\bar{z}}$ 的 u,v, 由可导的充要条件知,$\mathrm{e}^{\bar{z}}$ 不可导.

10. $(1+\mathrm{i})^{\mathrm{i}}=\mathrm{e}^{\mathrm{i}\ln\sqrt{2}}\mathrm{e}^{-\left(\frac{\pi}{4}+2k\pi\right)}(k=0,\pm1,\pm2,\cdots)$;

$2^{\mathrm{i}}=\mathrm{e}^{\mathrm{i}\mathrm{Ln}\,2}=\mathrm{e}^{\mathrm{i}\ln 2+(2k\pi\mathrm{i})}=\mathrm{e}^{\mathrm{i}\ln 2-2k\pi}(k=0,\pm1,\pm2,\cdots)$.

11. 提示:由 $x=r\cos\theta,y=r\sin\theta$, 知

$u=u(x,y)=u(r\cos\theta,r\sin\theta),v=v(x,y)=v(r\cos\theta,r\sin\theta)$.

以 x,y 为中间变量,写出 $\frac{\partial u}{\partial r},\frac{\partial u}{\partial\theta},\frac{\partial v}{\partial r},\frac{\partial v}{\partial\theta}$ 的表达式,再利用 $\frac{\partial u}{\partial x}=\frac{\partial v}{\partial y},\frac{\partial u}{\partial y}=-\frac{\partial v}{\partial x}$ 推出 C-R 条件的极坐标形式.

12. 注意 $\mathrm{Ln}\,z+\mathrm{Ln}\,z\neq2\,\mathrm{Ln}\,z$.

习题 3

1. (1) $-\frac{1}{3}+\frac{1}{3}\mathrm{i}$; (2) $-\frac{1}{2}+\frac{5}{6}\mathrm{i}$; (3) $-\frac{1}{2}-\frac{1}{6}\mathrm{i}$.

2. (1)(2)(3) 都是 $\frac{1}{3}(3+\mathrm{i})^3$.

3. 略.

4. (1)$4\pi\mathrm{i}$; (2)$8\pi\mathrm{i}$.

5. (1)$2\mathrm{e}\pi^2\mathrm{i}$; (2) $\frac{\pi}{a}\mathrm{i}$; (3) $\frac{\pi}{\mathrm{e}}$; (4) $-\pi\mathrm{i}\cos\mathrm{i}$; (5)0.

6. (1) $-\frac{1}{3}\mathrm{i}$; (2)$2\cosh 1$; (3)$\sin 1-\cos 1$; (4)0.

7. $2\pi a\left(\frac{8}{3}\pi^2a^2+8\pi a+1\right)$.

8. (1) $\frac{\sqrt{2}}{2}\pi\mathrm{i}$; (2) $\sqrt{2}\pi\mathrm{i}$; (3) $\frac{\sqrt{2}}{2}\pi\mathrm{i}$.

9. 略.

10. $2\pi(-6+13)\mathrm{i}$.

习题 4

1.(1) 收敛;(2) 收敛;(3) 收敛;(4) 发散.

2.(1) $\sum_{n=0}^{\infty}\frac{(-1)^n}{(2n)!}z^{4n}$, $|z|<+\infty$;

(2) $\sum_{n=0}^{\infty}(-1)^n(n+1)z^{2n}$, $|z|<1$;

(3) $\sum_{n=0}^{\infty}\frac{z^{2n+1}}{(2n+1)n!}$, $|z|<+\infty$;

(4) $\sum_{n=0}^{\infty}\frac{(-1)^n z^{2n+1}}{(2n+1)(2n+1)!}$, $|z|<+\infty$;

3.(1) $\sum_{n=1}^{\infty}\frac{(-1)^{n-1}}{2^n}(z-1)^n$, $|z-1|<2$;

(2) $\sum_{n=1}^{\infty}n(z+1)^{n-1}$, $|z+1|<1$;

(3) $\sum_{n=0}^{\infty}\frac{3^n}{(1-3i)^{n+1}}[z-(1+i)]^n$, $|z-(1+i)|<\frac{\sqrt{10}}{3}$;

(4) $\sum_{n=0}^{\infty}(-1)^n\left(\frac{1}{3^{n+1}}-\frac{1}{4^{n+1}}\right)(z-2)^n$, $|z-2|<3$;

(5) $\sum_{n=0}^{\infty}\frac{(-1)^n}{2^{2n+1}}(z-1)^{2n}$, $|z-1|<2$;

(6) $\sum_{n=0}^{\infty}\frac{\sin\left(\frac{n\pi}{2}+1\right)}{n!}(z-1)^n$, $|z-1|<+\infty$.

4.(1)z^3;(2)ze^z.

5.(1) $-\frac{1}{10}\sum_{n=0}^{\infty}\frac{1}{2^n}z^n-\frac{1}{5}(z+2)\sum_{n=0}^{\infty}\frac{(-1)^n}{z^{(n+1)}}$;

(2)(a) $\sum_{n=1}^{\infty}nz^{n-2}$, (b) $\frac{1}{(z-1)^2}\sum_{n=0}^{\infty}(-1)^n(z-1)^n=\sum_{n=0}^{\infty}(-1)^n(z-1)^{n-2}$;

(3) $\sum_{n=0}^{\infty}\frac{(-1)^n}{n!(z-1)^n}$;

(4) $\sum_{n=0}^{\infty}\frac{(-1)^{n+1}}{(2n+1)!(z-1)^{2n+1}}$;

(5) $\sum_{n=1}^{\infty}\frac{(-1)^{n+1}}{i^{n+1}}(z-i)^{n-2}$.

6.略.

7.略.

8. 略.

9. (1) $z=0$ 是其一阶极点，$z=\pm \mathrm{i}$ 是其二阶极点；

(2) $z=1$ 是其二阶极点，$z=-1$ 是其一阶极点；

(3) $z=0$ 是其可去奇点；

(4) $z_k=\mathrm{e}^{\frac{\mathrm{i}\pi}{n}(2k+1)}(k=0,1,2,\cdots,n-1)$ 均是其一阶极点；

(5) $z=0$ 是其二阶极点，$z=\sqrt{k\pi}(k=\pm 1,\pm 2,\cdots)$ 均是其一阶极点；

(6) $z=\pm \mathrm{i}$ 是其二阶极点，$z=(2k+1)\mathrm{i}(k=1,\pm 2,\cdots)$ 是其一阶极点.

10. 略.

11. (1) 不能；(2) 不对；(3) 不能；

(4) (a) $z=a$ 是 $\varphi(z)+\psi(z)$ 的 $\max\{m,n\}$ 阶极点；

(b) $m<n$ 时，$z=a$ 是 $\dfrac{\varphi(z)}{\psi(z)}$ 的 $n-m$ 阶零点(可去奇点当解析点看待)；$m>n$ 时，$z=a$ 是 $\dfrac{\varphi(z)}{\psi(z)}$ 的 $m-n$ 阶极点；$m=n$ 时，$z=a$ 是 $\dfrac{\varphi(z)}{\psi(z)}$ 的可去奇点；

(c) $z=a$ 是 $\varphi(z)\psi(z)$ 的 $m+n$ 阶极点；

(5) 不对，因为所有孤立奇点类型都是根据孤立奇点的去心邻域的洛朗展开来定义的.

习题 5

1. (1) $z=0$，为一阶极点；$z=\pm \mathrm{i}$，为二阶极点；

(2) $z=0$，为三阶极点；$z=\infty$，为本性奇点；

(3) $z=1,2,\infty$，均为一阶极点；

(4) $z=0$，为本性奇点；$z=\infty$，为一阶极点；

(5) $z=0$，为本性奇点；$z=\infty$，为一阶奇点；

(6) $z=0$，为可去奇点；$z=\infty$，为本性奇点；

(7) $z=1$，为二阶极点；$z=\infty$，为本性奇点；

(8) $z=0$，为二阶极点.

*2. (1) 本性奇点；(2) 可去奇点；(3) 可去奇点.

3. (1) $\mathrm{Res}[f(z),0]=0$；(2) $\mathrm{Res}[f(z),1]=0$；(3) $\mathrm{Res}[f(z),0]=-\dfrac{1}{7!}$；

(4) $\mathrm{Res}[f(z),0]=\dfrac{1}{4!}$；(5) $\mathrm{Res}[f(z),1]=\dfrac{13}{6}$；(6) $\mathrm{Res}[f(z),0]=1$.

4. (1) 0；(2) 0；(3) $4\pi\mathrm{e}^2\mathrm{i}$；(4) $\dfrac{2\pi\mathrm{i}}{21}$.

*5. (1) -1；(2) -1；(3) $-\mathrm{sh}1$；(4)0.

6. (1) $\frac{8}{3}\pi$；(2) $\frac{\pi}{2}$；(3) $\frac{\pi}{4}$；(4) $\frac{\pi}{2}(1-e^{-1})$.

习题 6

1. 伸缩率为 2，旋转角为$\frac{\pi}{2}$.

2. $|c|=|d|, ad-bc\neq 0$.

3. (1)$w=i\frac{i-z}{i+z}$；(2)$w=e^{i\frac{\pi}{2}}\frac{z-i}{z+i}$.

4. (1)$w=\frac{2z-1}{2-z}$；(2)$w=e^{-i\frac{\pi}{2}}z$.

5. $w=Re^{i\theta}\frac{z-i}{z+i}, w=2i\frac{z-i}{z+i}$.

6. $w=\frac{z^4-i}{z^4+i}$(非唯一的).

7. $w=R\rho e^{i\theta}\frac{z-a}{\rho^2-\overline{a}z}$($\theta$ 为实多数).

8. $w=\frac{z-2i}{z+2i}$.

9. (1)$\mathrm{Im}\, w>1$；(2)$\mathrm{Im}\, w>\mathrm{Re}\, w$；(3)$|w+i|>1$ 且 $\mathrm{Im}\, w<0$.

10. $w=-\frac{z^2+2}{3z^2}$.

11. (1)$w=\left[\frac{z-(-\sqrt{3}+i)}{z+(\sqrt{3}+i)}\right]^3$；(2)$w=\left[\frac{z-\sqrt{2}(1-i)}{z-\sqrt{2}(1+i)}\right]^4$；

(3)$w=\left(\frac{z^4+16}{z^4-16}\right)^2$；(4)$w=\left(\frac{z^{\frac{2}{3}}-2^{\frac{2}{3}}}{z^{\frac{2}{3}}+2^{\frac{2}{3}}}\right)^2$；

(5)$w=\sqrt{a^2+z^2}$；(6)$w=\sqrt{1-\left(\frac{z-i}{z+i}\right)^2}$；

(7)$w=\left(\frac{\sqrt{z}+1}{\sqrt{z}-1}\right)^2$；(8)$w=e^{2\pi i\frac{z}{z-2}}$；(9) 略；(10) 略.

习题 7

1. 证明：$f(t)=\frac{1}{2\pi}\int_{-\infty}^{+\infty}\left[\int_{-\infty}^{+\infty}f(\tau)\mathrm{e}^{-\mathrm{i}\omega\tau}\mathrm{d}\tau\right]\mathrm{e}^{\mathrm{i}\omega t}\mathrm{d}\omega$

$$=\frac{1}{2\pi}\int_{-\infty}^{+\infty}\left[\int_{-\infty}^{+\infty}f(\tau)\mathrm{e}^{-\mathrm{i}\omega(\tau-t)}\mathrm{d}\tau\right]\mathrm{d}\omega$$

$$=\frac{1}{2\pi}\int_{-\infty}^{+\infty}\left[\int_{-\infty}^{+\infty}f(\tau)\cos\omega(t-\tau)\mathrm{d}\tau+\mathrm{i}\int_{-\infty}^{+\infty}f(\tau)\sin(t-\tau)\mathrm{d}\tau\right]\mathrm{d}\omega,$$

因为积分$\int_{-\infty}^{+\infty}f(\tau)\sin\omega(t-\tau)\mathrm{d}\tau$和$\int_{-\infty}^{+\infty}f(\tau)\cos\omega(t-\tau)\mathrm{d}\tau$分别是$\omega$的奇函数和偶函数，所以

$$\text{上式}=\frac{1}{2\pi}\int_{-\infty}^{+\infty}\left[\int_{-\infty}^{+\infty}f(\tau)\cos\omega(t-\tau)\mathrm{d}\tau\right]\mathrm{d}\omega$$

$$=\frac{1}{\pi}\int_{0}^{+\infty}\mathrm{d}\omega\int_{-\infty}^{+\infty}f(\tau)\cos\omega(t-\tau)\mathrm{d}\tau.$$

2. 证明：利用三角函数的和差公式，傅里叶积分公式的三角形式可以表示为

$$f(t)=\frac{1}{\pi}\int_{0}^{+\infty}\left[\int_{-\infty}^{+\infty}f(\tau)(\cos\omega t\cos\omega\tau+\sin\omega t\sin\omega\tau)\mathrm{d}\tau\right]\mathrm{d}\omega.$$

(1) 当$f(t)$为奇函数时，则$f(\tau)\cos\omega t$和$f(\tau)\sin\omega\tau$分别是关于τ的奇函数和偶函数，因此有$f(t)=\int_{0}^{+\infty}b(\omega)\sin\omega t\,\mathrm{d}\omega$，其中$b(\omega)=\frac{2}{\pi}\int_{-\infty}^{+\infty}f(\tau)\sin\omega\tau\,\mathrm{d}\tau$；

(2) 当$f(t)$为偶函数时，则$f(\tau)\cos\omega\tau$和$f(\tau)\sin\omega\tau$分别是关于τ的偶函数和奇函数，因此有$f(t)=\int_{0}^{+\infty}a(\omega)\cos\omega t\,\mathrm{d}\omega$，其中$a(\omega)=\frac{2}{\pi}\int_{-\infty}^{+\infty}f(\tau)\cos\omega\tau\,\mathrm{d}\tau$.

3. (1)$F(\omega)=\frac{2\beta}{\beta^2+\omega^2}$；(2)$F(\omega)-\frac{-2\mathrm{i}\sin\omega\pi}{1-\omega^2}$；(3)$F(\omega)=\frac{2\omega^2+4}{\omega^4+4}$；

(4)$-\frac{2A\omega}{\omega_0^2-\omega^2}\sin\omega T$；(5)$\frac{\sin\omega T}{\omega}+\frac{T^2\omega\sin\omega T}{\pi^2-T^2\omega}$；

(6)$\begin{cases}-\pi, & |\omega|<\frac{a}{2\pi}.\\ 0, & \text{其他}\end{cases}$

4. $f(t)=\begin{cases}\frac{1}{2}, & |t|<1,\\ \frac{1}{4}, & |t|=1,\\ 0, & |t|>1.\end{cases}$

5. $F(\omega)=\frac{\pi}{2}\mathrm{i}[\delta(\omega+2)-\delta(\omega-2)]$.

6. $F(\omega)=\frac{\sqrt{3}}{2}\pi[\delta(\omega+5)+\delta(\omega-5)]+\frac{\mathrm{i}\pi}{2}[\delta(\omega+5)+\delta(\omega-5)]$.

7. $F(\omega)=\cos\omega a+\cos\frac{\omega a}{2}$.

8. (1) $f(t)=\frac{4}{\pi}\int_0^{\infty}\frac{\sin\omega-\omega\cos\omega}{\omega^2}\cos\omega t\,\mathrm{d}\omega$;

(2) $f(t)=\frac{2}{\pi}\int_0^{\infty}\frac{(5-\omega)^2\cos\omega t+2\omega\sin\omega t}{25-6\omega^2+\omega^4}\mathrm{d}\omega$;

(3) $f(t)=\frac{2}{\pi}\int_0^{\infty}\frac{1-\cos\omega}{\omega}\sin\omega t\,\mathrm{d}\omega$.

9. (1) $\mathrm{i}\frac{\mathrm{d}}{\mathrm{d}\omega}\left[\frac{1}{|a|}F\left(\frac{\omega}{a}\right)\mathrm{e}^{-\mathrm{i}\frac{b}{a}\omega}\right]$; (2) $\mathrm{i}\omega\left[\frac{1}{|a|}F\left(\frac{\omega}{a}\right)\mathrm{e}^{-\mathrm{i}\frac{b}{a}\omega}\right]$;

(3) $\mathrm{i}\frac{a}{|a|}\mathrm{e}^{-\mathrm{i}\frac{b}{a}\omega}\frac{\mathrm{d}}{\mathrm{d}\omega}\left[F\left(\frac{\omega}{a}\right)\mathrm{e}^{-\mathrm{i}\frac{b}{a}\omega}\right]-b\frac{1}{|a|}F\left(\frac{\omega}{a}\right)\mathrm{e}^{-\mathrm{i}\frac{b}{a}\omega}$;

(4) $\frac{1}{2\mathrm{i}\omega}F\left(\frac{\omega}{2}\right)\mathrm{e}^{-\mathrm{i}\omega}$; (5) $\frac{1}{2}F(\omega+\omega_0)\mathrm{e}^{-\mathrm{i}\omega_0 b}+\frac{1}{2}F(\omega-\omega_0)\mathrm{e}^{-\mathrm{i}\omega_0 b}$.

10. $F(\omega)=\frac{1}{2\mathrm{i}}\sqrt{\pi}\omega\mathrm{e}^{-\frac{\omega^2}{4}}$.

习题 8

1. (1) $\frac{1}{s}(3-4\mathrm{e}^{-2s}+\mathrm{e}^{-4s})$; (2) $\frac{1}{1+s^2}\mathrm{cth}\frac{\pi s}{2}$; (3) $\frac{1}{(1-\mathrm{e}^{-\pi s})(1+s^2)}$;

(4) $\frac{1+bs}{s^2}-\frac{b}{s(1-\mathrm{e}^{-bs})}$; (5) $\frac{3}{s}(1-\mathrm{e}^{\frac{\pi}{2}s})-\frac{1}{s^2+1}\mathrm{e}^{\frac{\pi}{2}s}$.

2. (1) $\frac{3}{s^3}(2s^2+3s+2)$; (2) $\frac{1}{s}-\frac{1}{(s-1)^2}$; (3) $\frac{2}{(s-1)^3}-\frac{2}{(s-1)^2}+\frac{1}{s-1}$;

(4) $\frac{s^2-a^2}{(s^2+a^2)^2}$; (5) $\frac{6}{(s+2)^2+36}$; (6) $\frac{n!}{(s-a)^{n+1}}$;

(7) $\frac{1}{2}\left(\frac{1}{s}+\frac{s}{s^2+4}\right)$; (8) $\frac{2}{s}(4-\mathrm{e}^{-2s})$.

3. 证明略.

4. (1) $\frac{4(s+3)}{[(s+3)^2+4]^2}$; (2) $\frac{4(s+3)}{s[(s+3)^2+4]^2}$; (3) $\frac{2}{t}\sinh t$.

5. (1) $\mathrm{arccot}\frac{s+3}{2}$; (2) $\frac{1}{s}\mathrm{arccot}\frac{s+3}{2}$; (3) $\frac{t}{2}\sinh t$.

6. (1) $\frac{1}{2}\ln 2$；(2) $\frac{3}{13}$；(3) $\frac{1}{4}$；(4) $\frac{1}{4}\ln 5$；(5)0；(6) $\frac{\pi}{2}$.

7. (1) $\frac{1}{5}(3e^{2t}+2e^{-3t})$；(2)$2\cos 3t$；

(3) $-2+\frac{1}{2}e^{-t}+\frac{3}{2}e^{t}$；(4)$\sinh t-t$；

(5) $-1+2e^{t}+2te^{t}$；(6) $\frac{1}{2a^3}(\sinh at-\sin at)$.

8. (1) $\frac{1}{16}(\sin 2t-2t\cos 2t)$；(2) $\frac{2}{t}(1-\cosh t)$；(3)$e^{-t}-\frac{3}{2}e^{-2t}+\frac{1}{2}$；

(4) $\frac{1}{3}\left(\sin t-\frac{1}{2}\sin 2t\right)$；(5) $\frac{1}{9}e^{\frac{1}{3}t}\left(\cos\frac{2}{3}t+\sin\frac{2}{3}t\right)$；(5) $\frac{1}{2}e^{-t}(\sin t-t\cos t)$.

9. 证明略.

10. (1)1；(2) $\frac{1}{6}t^3$；(3) $\frac{m!n!}{(m+n+1)!}t^{m+n+1}$；(4) $\frac{1}{2}(\sin t-t\cos t)$；(5)$\sinh t-1$.

11. 证明略.

12. (1) $-\frac{3}{4}e^{-3t}+\frac{1}{2}te^{-t}+\frac{7}{4}e^{-t}$；(2)$e^{-t}-e^{-2t}+\left[\frac{1}{2}-e^{-(t-1)}+\frac{1}{2}e^{-2(t-1)}\right]u(t-1)$；

(3) $-2\sin t-\cos 2t$；(4)$1-\left(\frac{1}{2}t^2+t+1\right)e^{-t}$；(5) $\frac{1}{2}t\sin t$.

13. (1)$x(t)=-t+te^{t}, y(t)=1-e^{t}+te^{t}$；

(2)$x(t)=\frac{2}{3}\cos 2t+\frac{1}{3}\sin 2t+\frac{1}{3}e^{t}, y(t)=-\frac{2}{3}\cos 2t-\frac{1}{3}\sin 2t+\frac{2}{3}e^{t}$；

(3)$x(t)=\frac{2}{3}\cosh(\sqrt{2}t)+\frac{1}{3}\cos t, y(t)=-\frac{1}{3}\cosh(\sqrt{2}t)+\frac{1}{3}\cos t=z(t)$.

14. (1)$\varphi(t)=e^{t}$；(2)$\varphi(t)=1$；(3) 略.

15. 证明略.

参考文献

[1]上海交通大学数学系．复变函数与积分变换[M]．上海：上海交通大学出版社，2012.

[2]苏变萍，陈东立．复变函数与积分变换[M]．北京：高等教育出版社，2017.

[3]朱经浩，李雨生，周羚君．简明复变函数与积分变换[M]．上海：同济大学出版社，2016.

[4]李红，谢松法．复变函数与积分变换[M]．5 版．北京：高等教育出版社，2018.

[5]张媛，伍君芬，程云龙．复变函数与积分变换[M]．北京：清华大学出版社，2017.

[6]郝志峰．复变函数与积分变换[M]．北京：北京大学出版社，2019.

[7]朱晓霞，张蓓，杨贺菊．复变函数与积分变换[M]．北京：清华大学出版社，2022.

[8]宋桂荣，丁蕾，陈岩．复变函数与积分变换[M]．北京：机械工业出版社，2018.

[9]蔡建平，陈婷婷．工程数学基础[M]．浙江：浙江大学出版社，2021.